湛庐 CHEERS

与最聪明的人共同进化

HERE COMES EVERYBODY

U0332573

CHEERS
湛庐

一生受用的概率统计

算数からはじめて
一生使える
確率・統計

[日]佐佐木弹　著

刘芙睿　译

浙江教育出版社·杭州

测一测

统计知识如何帮助我们更好生活？

扫码加入书架
领取阅读激励

扫码获取
全部测试题及答案，
一起走进概率统计的世界

- 体检中的数据异常是否意味着身体健康状况下降了？

  A. 是

  B. 否

- 天气预报报有20%的降水概率，这表示（　）下的100天中，可能会降雨20次左右。

  A. 同等气象条件下

  B. 随机气象条件下

- 想要表示定量数据的分布密度，最好用以下哪种图？（单选题）

  A. 条形图

  B. 散点图

  C. 柱状图

  D. 折线图

扫描左侧二维码查看本书更多测试题

生活中的实用数学

刘雪峰

北京航空航天大学副教授

数学中那些复杂的知识到底有什么用？很多人都有这个疑问，他们经常会说一句话："难道我去买菜，还用得上微积分？"不仅中国人有这个疑问，日本人也会有类似的疑问。很多日本人认为，数学中的加减乘除可能比较实用，但除此之外的内容用处不大，比如很少有人会在日常生活中用到分数除法、圆周率和鸡兔同笼等知识。哪怕有人把圆周率错误地记成了4.13，也不会给生活带来太大问题。

然而，一位日本的教授写了一本书《一生受用的概率统计》，告诉了我们另外一个答案：除了加减乘除，还有一类数学知识非常有用。

概率与统计，是我们在现实生活中极其有用的数学知识。关于这一点，我深以为然。

本书的作者佐佐木弹，是美国普林斯顿大学经济学博士，现在是东京大学社会科学教授。他的这本书讲的就是概率与统计是如何在我们现实生活中发挥重要作用的。

本书在引言中，就提出了几个很有意思的问题。例如，我们每次都会在天气预报中听见类似的内容："明天降水概率为20%。"这个20%是什么意思呢？为什么很多人都不买彩票，但是彩票点却不会倒闭？每次飞机着陆后机舱内都会有广播提示"飞机正在滑行，为确保您的安全请勿解开安全带"。这是航空公司安全管理上的形式主义吗？

这些问题的答案，都在这本书里，而如果你能够看完这本书，你还会对概率与统计有着更深的认识。

我来举几个来自书中的精彩例子。

很多人都会有书中作者这样的类似体验。作者小时候，如果在某一次考试中考了100分，但第2次只有90分，他父亲通常就会大声训斥他："照这样下去，下次你能考好吗？"这种训斥到底是毫无依据的，还是虽有夸张成分但也有一定道理的呢？

大部分人会觉得这位父亲的话是荒唐的，是因为仅通过两次成绩就下断言并没有说服力，因为一次的成绩下降很有可能是偶然现象。

但如果孩子第 1 次得 100 分，第 2 次得 90 分，第 3 次得 80 分，是否有人和作者的父亲一样开始担忧了呢？

或许有人依然会觉得，也只是 3 次考试而已，但如果孩子第 4 次只得了 70 分的话，应该就会有更多人支持父亲的说法了吧。

但如果我们会运用一个概率工具来做计算的话，就能把这个问题看得更清楚。

这个工具叫做假设检验。

假设检验通常会设定两个相互对立的假设：一个叫做零假设，我们用 H0 来表示，另外一个叫做备选假设，我们用 H1。

假设检验的核心思想是，先假定 H0 是成立的，然后计算在 H0 成立的情况下，观察到当前证据的概率。只有这个概率非常小（通常大家都定在 5% 以下），我们才拒绝 H0，接受 H1。

换句话说，除非有强烈的证据反对 H0，否则我们都倾向于相信 H0。

对于这个问题，H0 就是这几次成绩的下降纯属偶然，而 H1 则是这个人真实的数学水平在下降。

我们来计算一下。如果只看到一次成绩下降，那么在 H0 成立的情况下，这种情况发生的概率是 50%，这个概率很高，我们没有理由拒绝 H0，换句话说，一次成绩下降，应该是因为偶然而不是孩子的真实水平下降了。

如果看到连续两次成绩下降，那么在 H0 成立的情况下出现这种情况的概率是 1/6，即 17%，这个概率仍然不够低，我们没有足够的理由相信这两次下降是因为孩子数学水平下降了。

如果看到连续三次成绩下降，那么在 H0 成立的情况下出现这种情况的概率是 1/24，约为 4%。按照小于 5% 的标准，只有这时候，我们才能认定这三次成绩下降不是因为偶然，而相信孩子的真实数学水平下降了。

所以，只因为一次成绩下降就暴跳如雷的老爸，从数学的角度来说，他的做法完全错误的。

显著性假设在日常生活中也有很多应用。我想到的例子就是运动员打比赛。例如，如果两个运动员，第一个运动员的水平比第二个运动员水平高，但如果高得不是太多，那么我们根据概率来计算，前者连续几次输给后者的概率是很高的。所以在这种情况下，我们不应该因为国家队的某个运动员外战输了一两场比赛就对其过于苛刻，因为这可能完全归于偶然因素。

再举书中的另外一个例子，这个例子涉及的是相关性概念。如果我们把一个人的语文成绩和数学成绩分别作为横坐标和纵坐标，那么这个人就对应二维空间的一个点。那么多个孩子的成绩就成为一个散点图。如果我们把一个班里孩子的散点图画出来，就可以看到这样一个规律：散点图呈现从左下角到右上角倾斜的一个趋势。这意味着大部分的孩子，如果他的语文不错，那么他的数学也会相对比较好。

那么，数学成绩和语文成绩间是否存在某些因果关系？是否可以认为，数学对语文学习有帮助，语文对数学的理解有帮助呢？作者解释道，这在一定程度上也并非毫无可能。如你看不懂数学题就没办法参加考试，看不懂时间可能也会在语文考试中失利。但是实际上，数学题目本身大部分人都能读懂，那些简单的文字根本不能和语文试题相提并论；而语文考试中需要用到的数学知识顶多也不过是看时间、数字罢了。仅凭这些，我们无法断定数学成绩与语文成绩间存在很强的正相关。

这样看来，我们应该放弃寻找直接的因果关系转而去寻找间接相关。间接相关是指语文和数学成绩同时受到某个外在因素的影响。也就是说，"别人家的孩子"因为能够静下心来读题、解题、写答案，具有逻辑思维能力和信息处理能力，所以无论语文还是数学都能学得很好。

作者通过这个例子想告诉大家的是，从散点图中直接得到的只是相关的表面事实。在统计中最常见的误用、滥用的情况之一就是，只是观察到相关，就开始相信其为因果关系或其他结构相关性。

书中类似的精彩论述还有很多。作者通过很多翔实的例子介绍了概率中的众多概念，从相关系数、概率空间、正态分布、最大似然估计到回归分析等。如果你能够通读下来，必然会对概率有更深入的认识。

作者在后记中的一段话，让我感慨颇深，我直接引用过来。

　　本书的真正目的并非补充学校知识、提高成绩、进入更好的学校、得到更好的工作或者使事业有成、生意兴隆，而是希望大家能够活学活用，通过本书所讲的概率统计，再次发现自己平时未曾留意的或到目前为止未曾涉猎的领域，从而自我反省，以及给自己一次对其他事物重新审视的机会。我们通过熟练掌握概率统计，在面对其他领域的事物时，也会积极思索它对于我们自身的意义，以及如何提高我们观察事物的能力。通过这本书，如果能和大家一起分享概率统计的趣味，唤起大家哪怕一丁点的思考，那么我写本书的辛劳便得到了十二分的回报。

　　祝大家开卷有益！

简单的概率统计

　　"在学校里学到的东西进入社会根本没用。"讨厌上学的人总会气愤地把这句话挂在嘴边。这就像吃不到葡萄就说葡萄是酸的一样，但它并非毫无道理。

　　众所周知，大部分学习成绩好的学生长大后更容易在工作中做出成绩，但有些人在学校时成绩并不好，进入社会后却取得了意料之外的成功；反之，也有些当年成绩好的学生，长大后却平平无奇。日本有个说法是：十岁是神童，十五岁是天才，过了二十成为普通人。像这样的例子也不在少数。

　　这背后的原因，在于学生在学校中学到的知识并非全部都能在现实生活中发挥作用。

我们为什么要学数学

在日本，小学阶段大家普遍重视的科目有语文、数学、科学和社会学。中学阶段大家则重视语文、数学和英语。重视语文和英语还算不难理解，问题出在数学这门科目上。数学中的加减乘除的确比较实用，但除此之外的内容呢？很少有人会在日常生活中用到分数除法、圆周率和鸡兔同笼等知识。哪怕有人把圆周率错误地记成了 4.13，也不会给生活带来什么问题。

那些在中学里学到的比小学阶段更深入的数学知识，虽然有些题目作为智力测验很有趣，但与日常生活就偏离得更远了。日本中学生在数学课堂上学的全等三角形、勾股定理、二次方程式……这些知识在进入社会后，很少有人会用上一次。

尽管如此，数学好的中学生还是很让人敬佩的。这些学习好的学生长大后也会进入好大学、好公司……这究竟是为什么呢？从很久以前起，人们就非常重视数学的学习，难道这是因为数学中有什么特别有用的内容吗？确实有，那就是概率和统计。

从降水概率与体检异常说起

大家也许会通过看电视或听收音机了解当天的降水概率，然后据此判断要不要带雨伞、雨衣。在日本，无论是在小学阶段，还是在中学阶段，概率都是一项在数学科目中会反复讲到的内容。我们中的大多数人在高中毕业后可能一次也没有用过圆周角定理或微积分的知识，但可能会在学龄前就已经开始每天使用概率方面的知识了，甚至直到我们工作期间和退休后也都一直在使用。

这样看来，数学课本中关于概率部分的知识是不是太少了呢？在数学教科书里和课堂上，概率部分可能仅占所有知识的10%左右，可是这部分知识却是我们从学校毕业后，每天用到最多的数学知识。

我认为，与概率密不可分且实用性仅次于概率的便是统计。

大家平时都很在意偏差值吧。偏差值是个很有用的统计概念。偏差值不是实际得分，而是以平均数（如50）作为基准值，使标准偏差为某一特交值（如10）的样本变量规格化的分值。

大家应该每年都会去参加体检。有时，体检结果中会出现数据异常的情况，你需要进行复查，这种对异常数值的判别也是统计领域的内容。

然而，在日本的数学教科书中，涉及统计部分的知识更是少得可怜。一般在小学、初中课堂上提到的统计，不过是资料整理而已，仅仅是教学生表格整理的方法或图表绘制方法，与实际上的统计还有一定差距。话虽如此，但这部分内容还是很重要的。我会在本书第 1 章对这方面内容进行阐述。最具讽刺意味的是，日本学生从小学四五年级开始就为了提高偏差值而努力学习，然后升到偏差值高的重点高中。可在高中的 3 年时间里，他们既没有正式学到统计知识，也没有真正理解偏差值的含义。只有在高中最后的教学里，他们才终于学到一点与统计相关的内容，但这也只是作为概率部分的附加内容一带而过。

我的高中生涯要追溯到 20 世纪 70 年代，统计的内容被安排在高三的第三学期①。因为临近高考，大家都很清楚统计内容在

---

① 在日本，大部分学校将一学年分为 3 个学期（大学分为两个学期）授课，一般将 4～7 月划分为第一学期，将 7 月下旬到 8 月底划分为暑假，将 9～12 月划分为第二学期，将 12 月下旬到第二年 1 月上旬划分为寒假，将第二年 1～3 月划分为第三学期，将第二年 3 月下旬至 4 月上旬划分为春假。——编者注

高考题目中基本不会出现，所以对那些注重应试的学生来说，备考重点当然只能是语文、英语和除了统计内容外的数学。现如今，日本的数学教科书的内容确实比当年要丰富一些，但现在中学生的父母辈和高考出题人都是接受了 20 世纪教育的人，因此他们不重视概率和统计部分的内容也就情有可原。

数学中最有用的部分

在本书中，为避免有人以学习无用作为不想学习的借口，我干脆把小学与中学的数学教科书中的概率和统计内容抽出来作为重点重新编写。结果我发现，日本的学生在学习四则运算后，进入小学高年级就开始学习概率和统计，到了中学阶段，数学在现实生活中最有用的还是这部分内容。

你也许会说，只学这种"歪门邪道"的数学知识，对提高考试成绩也没什么用吧？其实，现在的课本和考试才是"歪门邪道"。因为现在我们把宝贵的课堂时间都分给了"没什么用"的内容，这种做法导致我们没有时间学习最有用的概率和统计。日本曾经的宽松教育不仅未见成效，还使学生的学习能力低下。与此相似，现在轻视概率和统计的教学体系也会在不久的将来显现其弊端。其实，在很久以前就有人注意到这个问题，却没有对其进行改正。这恐怕是因为那些编写数学教材的人主要是一些数学老师和文部科学省^①的相关人员，而那些在日常生活和工作中用到概率统计知识的人们的心声无法传达到数学的教学一线。

概率统计另外一个出乎意料的作用是，有助于学生的在校成绩和备考。对学生来说，最有用的备考战略是"知道出题人在想什么"。可是一直以来，日本的学生用书和教师用书是分开的，学生很难真正了解教学重点和出题人的想法。

此书摒弃了将学生用书和教师用书区分开来的策划思路，有别于市面上的大部分教材、参考书，我在篇幅允许的范围内最大限度地展现了出题人和评分规则的相关信息，而在此之前，这些信息一般都只写在教师用书里。

本书忍痛删去了诸多不太实用的内容，只着眼于概率统计。所以我可以向大家更加详细地介绍目前为止在日本的其他数学教科书中没有涉及的内容。如果本书能够成为一个让我们一起学习概率统计知识的契机，从中体会一生难得的乐趣，我将不胜欣慰。

---

① 文部科学省是日本中央政府的一个行政机关，负责统筹日本国内的教育、科学技术、学术、文化及体育等事务。——编者注

目录

第一部分

真正理解概率统计

第二部分

用概率统计了解世界

引 言

用数学透视日常生活

即使是语文不好的人在日常生活中也可以很流畅地与他人交流或者读书、看报，即使是数学不好的人也可以在买东西时计算出找零，即使是体育不好的人也可以正常地走路、跑步。像这样与在校成绩无关，因在生活中每天使用而让我们拥有了某种能力的例子不胜枚举。

概率统计也是我们在日常生活中经常使用的知识，一些简单的练习就能让我们熟能生巧。下面我举几个浅显易懂的例子，让我们的大脑动起来，先一起来热热身吧。

天气预报的降水概率为什么不会是 100%

"今天下午的降水概率为 20%"，我们几乎每天都会看到类似的天气预报。可无论是气象播报员，还是电视台、报社都从未向我们解释什么是概率，降水概率又是什么意思。

可能有人会说，这种事大家早就知道了，没必要再多做说明。可往往就是这些人，没能正确理解天气预报的含义。

关于概率的定义，我会在后文详细阐述，比如说概率是 20%，那说明在 100 次中会有 20 次发生这种情况。降水概率为 20% 是指在同等气象条件下的 100 天中，可能出现降水情况的有 20 次左右。可天气预报有时准，有时却不准。

天气预报的时候（见图 0-1），你觉得哪个范围的天气预报是准确的呢？

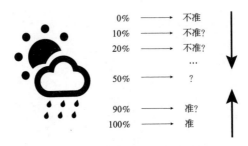

图 0-1　天气预报降水概率预测准确率

热身题 1

　　如果天气预报报道降水概率为 20% 的那天下雨了，那么我们是否可以说天气预报"20% 准确，80% 不准确"呢？

　　你可能会说："确实是啊，好像就应该这样说吧？"那么，如果"降水概率为 50%"呢？这时无论当天是否降水，都可以说"50% 准确，50% 不准确"吗？

　　好像又不对了，那天气预报的概率究竟是在预报什么呢？气象预报员是因为没信心，才说出"降水概率为 50%"这样一个中间值吗？如果气象预报员说出"降水概率为 0% 或 100%"这样的话，是不是就会陷入一旦说中了就是满分，说错了就是零分的困境呢？是因为他们对此没有信心，才说降水概率是 50%，这样无论结果如何都能得 50 分……果真如此吗？

既然是概率，那么是否降水都有可能。如果只因为预报降水概率 20% 的时候下雨了，就说天气预报有 80% 的概率不准，这是很奇怪的。问题出在哪里呢？虽然理论上感觉没错，但不管预报的概率为多少，无论最终是否降水，预报结果都可以算 100% 准确吗？

如果让大家来为天气预报评分，大家会怎样评定呢？

有人会说，那肯定不能在一天之内就评定出来，即使学生的在校分数也要通过整个学期或整个学年来进行评定，给天气预报评分也是一样……这话一点没错。那么，让我们继续耐心地收集数据。

热身题 2

假设在过去 10 年间，当日预报降水概率为 20% 的共计 387 天，但实际降水天数仅为 59 天，剩下的 328 天都未降水。

387 次中有 59 次是与预报情况相符合的，其概率约为 15%，远低于 20%。这时我们是否可以认为天气预报不准呢？

　　不仅是在天气预报中，大家在日常生活中也经常需要进行类似的评价。这时就必须应用到基于情况数的概率计算和统计假设及检验的思考方式。

　　我会在后文中详细阐述这种思考方式，即若假设是正确的，那么现在观测到的事件是否有可能发生，通过将观测到的事件进行数值化，反过来推断假设正确与否。举个例子，如果说每次的降水概率为 20% 是准确的，那么平均每 387 次中应该有 77 次左右会降水。有 77 次降水的概率最大，78 次和 76 次次之，与 77 次相差越大概率就越小。如果概率减小的速度很快，即概率的分布相对集中在均值附近的话，那么实际观察到的 59 次降水，相对来说离均值较远，降水低于 59 次的概率很低。基于这种数值化分析我们认为降水概率为 20% 的假设不成立，也就是降水概率约 20% 的天气预报是不准确的。

　　相反，如果概率减小速度较缓，概率分布较广，降水低于 59 次的情况也不算少，这样看来，59 次降水离均值的距离并不远，那么我们认为降水概率为 20% 的天气预报是准确的。在这个例子中，假设降水低于 59 次的概率为 P 值，当 P 值低到某个值时，我们排除原假设，此时我们将这个阈值称为统计检验的"显著性水平"。我会在本书第 1 章对其进行说明。

热身题 3

> 假设我们得出了 387 天中有 59 天降水是"降水概率明显低于 20%"的结论，那么是否可以说天气预报有偏差？

这与统计的无偏估计概念有关，对此我会在第 5 章进行阐述。

人们为什么觉得买彩票是浪费钱，买保险不是

日本曾经有一本卖得不错的书叫《只卖竹竿的小店为什么不会倒闭？》。也许正是因为取了这样一个与众不同的书名，所以才畅销吧。仔细想想，这个书名对于那些认真做竹竿生意的小店来说，实在是多有冒犯。毕竟竹竿是我们日常生活中会用到的，肯定会有人需要买竹竿，那么只卖竹竿的小店没有倒闭也不足为奇。

更让人觉得不可思议的反而是彩票店，彩票不像竹竿那样本身具有实用价值，也没有什么附加价值，彩票店赚的钱正是顾客损失的。接下来的问题是这样的。

热身题 4

你们会买彩票吗？为什么？

读本书的很多人可能都会表示自己不买彩票吧，这样又引申出接下来的一个问题。

热身题 5

为什么有很多人不买彩票，彩票店却没有倒闭呢？

也许你会说，这是因为有太多的人不精于计算！等等，事实果真如此吗？

热身题 6

大家是否会购买保险呢，为什么？

　　除了法律强制要求购买的医疗保险和车险等保险，应该有不少人会自行购买其他保险，比如市面上的重大疾病保险、住院医疗保险等。但和前文的逻辑相同，保险公司没有破产，是因为卖保险赚到的钱与买保险的人损失的钱相等。为什么大家明知道自己会损失，却依然会选择去购买保险呢？难道日语中"损失保险"的真实含义就是让大家遭受损失的保险？

　　很多人每天路过彩票店时，看都不多看一眼，他们认为买彩票的人很愚蠢，可轮到自己时，明知会遭受损失，还依然会去买保险。

　　看来大家选择买与不买时，并不能单纯用金钱得失来解释。

明明身体很健康，体检数据为什么会异常

　　如果只是做一次体检那还无所谓。可是每次体检，都可能会在某些项目上不达标，然后你不仅要面对复查，还要去医院看诊，这真的很麻烦！很多看起来身体健康的人一般都会这样想吧。

　　为什么大家公认的身体很健康的人，明知没有必要却还不得

不接受精密仪器的检查或定期复查呢？本来就很紧张的医疗资源，难道不应该用在真正需要的病人身上吗？

热身题 7

> 为什么健康的人也会在体检中查出问题？

这样的体检有什么意义呢？实际上，不少人都是这样想的，而这些在概率统计上不难解释。

30 多岁的年轻人在体检中一般都不会有什么问题。可到了 40 多岁，检查出问题的人会突然增多，与我同龄的 50 多岁的人中，甚至在每个体检项目中都会出现问题，所以，在日本，有人会觉得很麻烦而干脆一开始就不去体检，即使这种做法违反了日本《劳动安全卫生法》。

通常，日本人在申请住房贷款时需要购买团信①，但 40 岁之

---

① 团信，是"日本团体信用生命保险"的简称，它为被保险人在还贷过程中可能出现的失业或伤病提供经济保障。——编者注

后就很难申请成功，据说这是因为此年龄段人群的体检结果经常不合格。

并不是现代人的寿命只有 40 岁左右，而是过了而立之年，这个人群就会一下变得体弱多病。在日本，体检的时候你经常看到这样的景象：那些看起来身材标准的中老年人在体检测腰围时，一旦腰围超过 85 厘米，医生便在体检表上一边打叉，一边嘀嘀咕咕地说些什么。可旁边快步路过的年轻人，即使腰粗得像 72 升酒桶或煤气罐，医生也不会把他叫住……

下述问题（见图 0-2）虽然看起来与前文无关，但是你认真思考一下，就会发现一个线索。

9265
358979323
846264338327
9502884197169
3993751058209
749445923078
164062862
0899

做法：使用掷骰子或掷硬币（参考第4章）等可以记录随机数的方法。

完成：不存在重复（循环）或频繁出现某些特定数字等的可预测倾向的情况。换言之，这是无法找到规律的数列，用数学语言来说是不可预测的随机数列。

图 0-2　随机数探讨

日本学生的数学教科书的最后一页都会附有一张随机数表，但哪种表可以被称为随机数表呢？想必学校里鲜有相关的详细教学。原则上，随机数表是将无规则随机抽取的数字进行排布。可这样说来，如果不停地掷硬币或骰子，或采用从口袋里拿球放球的形式采集数字，然后将得到的结果记录到表中，那这个表中的数值是否可以看作随机数？

到了这一步，想必有些善于思考的读者就已经发现了，随机数生成过程中原则上是随机、不被干涉的，就好比接受体检的人真的是健康的人。但若要完成一个被认可的随机数表，比数据得到的过程更重要的是这个表本身需要满足一定的条件。再次用体检来作比喻的话，就是检查结果必须恰好在正常值的范围内。

热身题 8

将一组随机抽取的数字，也就是使用骰子或装在袋子里的小球等道具得出的数字进行排布，使数字的数量一直达到上万，得到一个非常长的数列。这样得到的数表被认定为随机数的概率有多大？

为了让大家更容易理解，我举一个身边的例子。日本银行卡密码是4位数。为了不让他人猜到密码，最好是使用一组随机数。

但很多银行都不许使用 0000 这样的密码。像这样"但是不可以使用 ****"的要求一旦出现，可以选用的数字就会变少。

随机数表也是同理，同一数字或者同一组数字不许连续频繁出现，反之，某个数字出现概率很小也是禁止的。所以，如果你真的老老实实地去掷骰子，用真正意义上随机的数值来排布的话，那么在持续排几百行、几十页之后，你迟早会发现在某行、某页中的数值很偶然地违反了规则。

所以现在市面上销售的很多随机数表都不是真正意义上的随机，而是为了符合随机数规则，人为精心设计出的表，比如在图 0-2 中的数列就是圆周率从 3.1415 之后小数点第 5 位到第 80 位的数值。

交通事故为什么是难以避免的

有人因为害怕感染疯牛病，再也不去之前常去的烤肉店，而是直接横穿马路去吃乌冬面。也有人为了凌晨第一个冲进彩票店，而每天加班很晚才到家。大家印象中应该有不少这样的例子。因为吃烤肉而感染疯牛病的概率远小于横穿马路被车撞伤的概率，彩票得一等奖的概率也远小于走夜路和在路上遭遇事故的概率。

　　我这样说了之后，大概会有人表示事故并非概率问题，只要多加注意就可以避免出现事故。我认为正是这份自信才真正导致了事故的发生！我可以不反驳，但让我们一起来看一下官方数据吧。仅日本每年就有 4 000 人左右死于交通事故。如果这 4 000 人都是因为不小心，那这就不是小心与否的问题了，而是人类难以避免的问题。因为人类原本就是粗心的动物，不管自己多么小心还是会有一定数量的人卷入事故。而如果这 4 000 人并不都是因为不小心才遭遇事故的，那么就可以说明，事故的发生还是有一定概率的。

学生的成绩为什么无法衡量成功率

　　学校的成绩测试的是什么？或许有人会回答，学校成绩测试的当然是偏差值了！可惜这算不上正确答案。如果测试的是偏差值，那么测试偏差值的目的又是什么呢？是学习能力、记忆力，还是学生的品行呢？

　　那么先让我们看一下偏差值的 5 级测评（见图 0-3）。

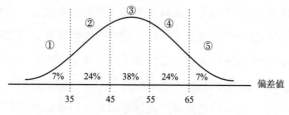

图 0-3　偏差值的 5 级测评

　　在理想情况下，学校的成绩应该是为了反映学生将来取得成功的概率。可正像本书开头所提到的那样，在学校的教科书中，实用的概率统计知识与其他知识都混在了一起，无论对课本中的知识掌握得有多好，无论在考试中取得的成绩有多好，这些和将来取得成功所需要的能力并不完全对等。

　　话虽如此，可将来能否成功是无法用数值衡量的，只能借助比较合理的考试成绩来加以判断……没错，真正成功率的测试在技术上很难实现，所以只能用其他较合理的手段来代替。可这种考试真的合理吗？它会不会失之偏颇？这就是我们要讨论的内容。

　　其实，成功率在某种程度上是可以数值化的，现行的考试制度可以一见端倪。一个在日本很常见的现象：大部分高中和大学中，女生毕业率远超男生。由此可以推断，日本高中和大学的入学考试对男生较为宽松，对女生较为严格。

这里指的不是日本某医科大学在入学考试中故意歧视女生的问题。这种违法的行为属于例外，只是极少数现象，被报道后一般会引起舆论的轩然大波，这种情况对整体毕业率的性别差异不具有太大影响。绝大多数的考试都是公平公正的，是采取匿名评分的方式。而且高中和大学的入学考试是根据教科书出题的。在中学阶段，无论男女都使用同一教材，因此从技术层面来说不太可能存在"不公平"。这都属于常识性的范畴，接下来我们将要触及一些公众的盲区了。

日本中学教材最后一页有编者一览表或编者介绍，这页纸上写的是教材编写者的姓名。中学生课业繁重，可能很少有人会注意这里。通过这些姓名，我们大概能分析出男性、女性以及无法准确看出性别的名字的各自占比。事实上，教科书的大部分编写者都是男性。

一方面，大学生想要顺利毕业，只需取得需要的学分即可。取得所需的学分既需要掌握高中教科书中的知识和拥有相应的学习能力，又需要掌握大学相应的知识以及其他的能力。另一方面，考试中不考查日常生活的能力。比如能记住老师和同学的名字、不睡懒觉不迟到、能正确理解别人说话内容等能力。所以高考、中考考查的内容偏向男性视角。

同样的偏颇不只存在于学校成绩和入学考试的评测中。对于这样的偏颇，编者、出题人、评分人自身是很难觉察的，只能依靠旁观者的洞察。拥有一双具有统计批判视角的慧眼，这对我们学习概率和统计知识以及今后在社会上立足是十分重要的。

为什么飞机着陆滑行时人们不能解开安全带

在飞机刚着陆，还在跑道上滑行的时候，你常会听到周围人解开安全带的声音吗？正在阅读本书的你，在飞机刚着陆后是立刻解开安全带呢，还是将安全带系得更牢？

热身题 9

与飞机相关的伤亡事故中约有 1/3 发生在地面，也就是在机场内。……是否可以据此判断其余 2/3 的事故发生在空中，飞机已经着陆就没有太大危险，我们可以高高兴兴地解开安全带宣告航程顺利了呢？

可是，每次飞机着陆后机舱内都会有广播提示"飞机正在滑行，为确保您的安全请勿解开安全带"。这只是航空公司安全管理上的形式主义，还是有一定概率统计的依据？

概率统计在生活中的应用比比皆是，若将它们全部整理出来，仅仅一两本书完全装不下。

那应该从什么时候开始学概率统计呢？最理想的是从小孩刚出生的瞬间开始，再向前追溯就是从胎教开始学习了，但这本书是从四则运算之后，也就是从小学高年级阶段数学课本中的统计开始的。热身到此结束，让我们进入正题吧！

概率统计

一生受用的

第一部分

真正理解概率统计

第 1 章

图与表，小学数学中的统计

图与表

现在，日本的小学数学中就已经涉及统计知识了。是现在的小学课程变得高深了，是时间太长我们都忘记了，还是当年的数学课都用来睡觉了？也可能我们只是单纯不知道我们曾学过的那些内容也算统计。

小学阶段与统计相关的知识多集中在一些简单数字资料整理方面，比如如何画图表，等等。那也叫统计吗？应该不算吧！你说得没错，那只是一些数字的表示方法。

然而实际上，大多数人印象中的统计类似于小学数学中的统计。据说一个成年人在日常生活中使用的数学知识相当于小学 6 年级的水平。

那些笑话小学阶段的统计"怎么能算统计"的人，或许并未完全理解统计。

的确，我们在小学数学中只简单地学了图与表。但是仔细想想，正是因为这些内容没有被详细理论化，反而更难以理解。比如折线图、条形图、柱状图分别在什么时候使用？如果不能很好地理解其背后的逻辑，我们是很难将它们区分清楚的。当然，这些理论在小学阶段还没有出现。下面让我们具体看一下吧。

随时间变化的时间序列与描绘其变化的折线图

大家所熟知的折线图和条形图，都是用来比较的图，这一点毋庸置疑。那么如何区分它们？折线图是描述同一主体随着时间的变化而变化，条形图则是不同主体间的比较。折线图和变化率见图 1–1。其中图 1–1a，一般把一个变量时间 t 放在横轴，Δt 表示时间变化。竖轴表示另一变量 y，Δy 表示变化量，则变化率为 $\dfrac{\Delta y}{\Delta t}$，不过图 1–1b 中的横轴不一定用来表示时间。

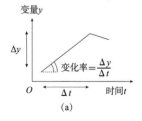

图 1–1　折线图和变化率

　　能够区分折线图与条形图的读者，只凭这一点，你在统计方面的知识储备已经领先很多人了。没有搞清折线图和条形图这两者之间的区别而把它们混用的例子，不仅常常出现在学生的作业和考卷上，甚至会出现在权威书籍和报纸中。为什么我们即使已经进入社会还依然经常出现这样的失误？原因正像我先前所说，因为学校只教给了我们这些图本身，却没有告诉我们这些图背后的逻辑。

　　在统计中，把同一主体按时间顺序记录的数据列称为时间序列；把不同主体原则上在同一时间点进行比较的数据称为横截面数据。描述时间序列要用折线图，描述横截面数据要用到条形图。即在画图之前，本身涉及的数据就具有不同性质。这一点在教师用书中有详细记述，但在学生用书中却少有提及。比如，火车和公交的发车时刻表（见图1-2）。

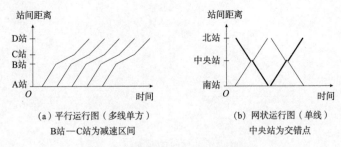

（a）平行运行图（多线单方）　　　　（b）网状运行图（单线）
B站—C站为减速区间　　　　　　　　中央站为交错点

图1-2　火车和公交车发车时刻表

接下来是条形图应用图例：横截面数据。图 1-3 为某班级上课情况统计。

问：这节课对你来说是否有用？

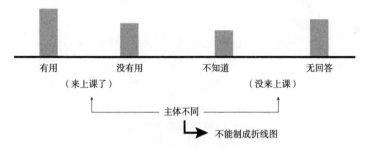

图 1-3　某班级上课情况统计

折线图是根据折线倾斜度来表示前后时间点之间该值的动态增减趋势，当然只能通过时间序列观察到这种动态的变化。不同主体间的比较与增减趋势无关，所以将横截面数据绘制成折线图就是错误的，在应该用折线图的情况却选择了条形图，这种情况严格来说不算错，但一般是不合适的。

现在我出一道在小学数学知识范围的关于时间序列的题目来说明一下。其中的话语也是我在小学的时候，我的父亲经常对我说的，题目见图 1-4。

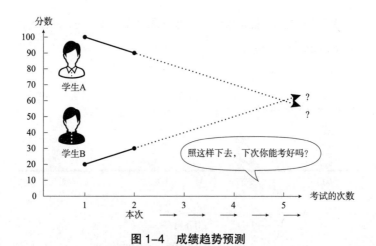

图1-4　成绩趋势预测

学生A第1次月考得了100分，但第2次只有90分，成绩开始下滑。你再看看学生B，他总说自己成绩不好，被人瞧不起，他第1次月考是20分，第2次月考得了30分，他的成绩在上升。你要是觉得学生A考了90分，学生B才考30分，所以学生A赢了，那可是大错特错。照这样下去，用不上一年，这两个人的位置就会逆转，学生A就是学校里学习最差且被大家瞧不起的那个。

我父亲和动画《海螺小姐》[①]里的父亲矶野波平一样，是一

----

①《海螺小姐》是1969年由山岸博执导的日本动画影片，描绘了以厨房为中心的家庭琐事及日常生活中的热门话题，故事轻松愉快，讲述了日本普通家庭的生活。——编者注

位典型的昭和时代的严厉父亲，他动不动就会大声训斥我："照这样下去，下次你能考好吗？"应该不会有人像当年读小学的我一样对父亲的话耿耿于怀吧。但在这道例题中这种训斥孩子的话到底是毫无依据的荒唐话，还是虽有夸张成分，但也有一定道理呢？

> **提示**
>
> 重点是上次得 100 分，这次得 90 分，这样的结果到底是属于持续下降的倾向，还是在偶然变化的范围内呢？

大家之所以觉得我父亲的这番话是荒唐的，是因为仅通过两次成绩就断言实在是没有说服力。哪怕只是偶然，也属于偶然上升或者下降，成绩偶然下降一次就遭到父亲训斥，（在当时）实在让人受不了。

如果是第 1 次得 100 分，第 2 次得 90 分，第 3 次得 80 分，可能会有人和我父亲一样开始担忧了吧。但或许有人依然会觉得，也只是 3 次考试而已。

那么，如果第 1 次得 100 分，第 2 次得 90 分，第 3 次得 80 分，第 4 次得 70 分的话，应该就会有更多人支持我父亲的说法了吧。
虽然说也才 4 次考试，但成绩下降的趋势是很明显的。

> **重要提示**
>
> 　　这里的关键似乎并不是变化幅度的绝对值。哪怕分数下降幅度再大一点，第 1 次得 100 分，第 2 次得 85 分，赞同我父亲言论的人应该也不会太多。但如果第 1 次得 100 分，第 2 次得 95 分，第 3 次得 90 分，第 4 次得 85 分的话，大多数人都会开始担忧了。因为比起降幅，下降的次数更重要。

答案和解析

　　这里的问题是，能否通过一次单纯的偶然就下定论。第 1 次和第 2 次一共只有两次（忽略分数相同的情况，下文亦然），哪怕是偶然，也只属于上升或下降中的某一种情况，有 50% 的概率是下降。这时，很难证明这并非单纯的偶然。3 次考试成绩变化排序情况见图 1-5。

　　共有 3×2×1＝6 种可能性，这其中任何一种情况发生的概率都为 1/6，约 17%。虽说比之前两次情况发生的概率更低，但也有 1/6 的偶然会发生，也许你会说这也太牵强了吧。

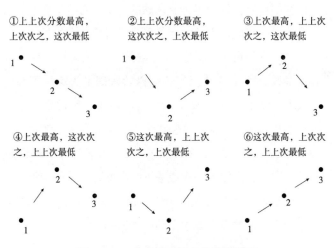

图 1-5　3次考试成绩变化排序情况

　　但如果说共有 4 次成绩的话，一共有 4×3×2×1=24 种可能，特别的偶然情况，也就是连续下降的情况只有 1/24，约为 4%，会有更多人觉得就算说是偶然，概率也实在是太低了吧。

　　这个例题与在第 6 章中详细叙述的假设检验的思考方法相关。如果一种情况是偶然，我们就称它为原假设，即没有连续下降趋势；如果一种情况并非偶然，我们就称它为备择假设，即显示连续下降趋势。如果是偶然，原假设正确的话，实际观察到的状态发生的可能性有多大？用例题来说，1/2、1/6 叫作原假设的可能性。但该可能性非常低时，原假设就不成立，我们得出非偶然的结论。对这个例子的备择假设来说，将成绩下降的趋势称为具有统计上的显著性。

可能性降到一定程度才被认定为显著性，这个标准叫作显著性水平。并没有什么科学依据来决定显著性水平，人们一般会根据假设检验的目的与用途来设定。如果选择显著性水平为 5%，例题最后连续 4 次成绩下降时，可能性为 1/24，小于 5%，因此成绩有 5% 显著性的下降趋势。

同理，只因为一次成绩下降就暴跳如雷的老爸，在他心中的显著性水平竟高达50%。通常，显著性水平在1%～10%之间（但这并没有数学上的严谨依据）。

描述分布密度的柱状图

在能够区分折线图和条形图的人中，有不少人并不知道条形图和柱状图有什么不同。柱状图是什么？有的人没听说过，有的人可能听说过却不记得了，也有的人可能会觉得柱状图和条形图看起来很像，却不知道它们之间到底有什么区别。这两种图的画法类似，所以看起来很像，但实则是不同的。条形图是用来比较不同主体的，而柱状图是通过反复观测同一主体并记录数值分布情况的图形。下面我将举几个例子。

例题 1

东京都千代田区居民低于 300 万日元年收入的有 3 540 户，300 万～500 万日元年收入的有 5 290 户，500 万～700 万日元年收入的有 5 950 户，700 万～1 000 万日元年收入的有 4 910 户，1 000 万日元以上年收入的最多，有 6 170 户。

这道题里有什么问题吗？有没有什么说错的？可以肯定，例题的叙述没有错误。但"最多"这两个字在叙述中有什么作用呢？

提示

如果将例题 1 的统计方式改为：低于 500 万日元年收入的有 8 830 户，500 万～1 000 万日元年收入的有 10 860 户，1 000 万日元以上年收入的有 6 170户。叙述反转了，现在年收入在 500 万～1 000 万日元之间的一组户数最多，而上文中年收入最多的1 000 万日元以上的那组户数变为最少了。

 **答案和解析**

两种表达都没有错。但是哪种表达更有价值呢?

将本题中的数据制成图形形式(见图 1-6)。图 1-6
(a)图为条形图,图 1-6(b)图为柱状图。

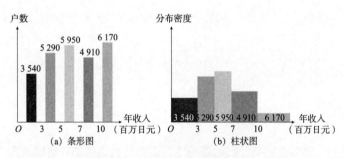

图 1-6　居民年收入统计图(1)

一方面,绘制条形图的目的本来是对定性数据(主体不
同的物质)进行比较。就例题 1 来说,如果每个年收入区间
对应的是不同群体,现在要对这些群体进行比较,那么选择
条形图也是有价值的。但一般来说,如果是家庭年收入的数
据,比如年收入 999 万日元和 1 001 万日元是不同主体,但
年收入 1 001 万日元和 10 亿日元是相同主体,这种解释一
般不具有现实意义。

另一方面，柱状图用来表示年收入这类定量数据的差异。它与条形图不同的是考虑到了年收入范围的幅度，所以年收入范围内的家庭数量不是通过柱子的高度，而是通过面积来表示的。

柱状图中柱子的高度也叫分布密度，直观上和人口密度较为相似，表示某个收入范围附近集中了多少户家庭。用例题 1 中数据来说，分布密度最大的是 500 万～700 万日元年收入组，所以这个收入范围内的户数最多，这样的结论才具有价值。

但实际上，也有不适合用柱状图的例子。比如调查家庭资金存款时，回答存款为 0 的概率也不能忽视（根据调查，调查对象所在地区的不同，概率会有所不同，一般来说占 20%）。画柱状图时，因为柱子宽度为 0，想要有显示出柱子的面积就只能无限提高柱子的高度，这种情况没办法画出柱状图。

另外，若将例题 1 中年收入 1 000 万日元以上的分类用所谓开区间表示，那么柱子宽度将会无限扩大，同样也无法画出柱状图。或许有人认为只要把宽度省略就可以，但是在面积有限的情况下，宽度无限扩大的结果是高度最终为 0，也就是无法用数据计算开区间的分布密度。若例题中开区间的上限，即全区最富有家庭的年收入高达数亿日元时，这个开区间的宽度将会非常大，因此分布密度就比其他范围（闭区间）要小得多（见图 1-7）。

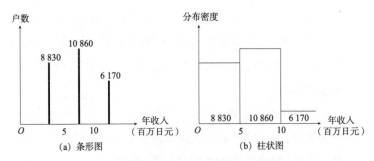

图 1-7　居民年收入统计图（2）

　　综上，柱状图的一大缺点是不好绘制，因此我们常用更加便于绘制的条形图来替代。但这里大家要注意的是，不要将条形图的高度和原本柱状图中柱子的高度所表示的分布密度混淆。

描绘横轴和纵轴两个变量联合分布的散点图

　　刚刚向大家介绍了在条形图和柱状图中用长度和面积来展现数据的图表，接下来让我们来看看用位置表达数据的图表。我们将观测到的每一个数值用一个点在平面坐标系中来表示分布位置的图叫作散点图，实际上为了方便也可以用〇或 × 等表示。

　　广义上来说，条形图、柱状图与散点图的关系并非割裂。我们将观测值用小盒子（方形等）来表示，将不同数值横向排

列，如果观测到的数值相同，就把小盒子叠放在一起，这样也
能画出条形图和柱状图。狭义上来说，典型散点图的横轴和纵
轴分别代表不同变量，我们可以通过图表看出两个变量的关系。
比如，横轴为数学成绩，纵轴为语文成绩，用点的位置（坐标）
来表示每个人的成绩，相信大家都见过这样的图表。这种同时分
析多个变量的分布为联合分布。散点图是根据两个变量间的关系
及数据的性质呈现出不同的形状。

例题 2

设横轴 X 为数学成绩，纵轴 Y 为语文成绩，画出学生的成绩
分布散点图。最接近实际情况的是图 1-8 中的哪一个？为什么？

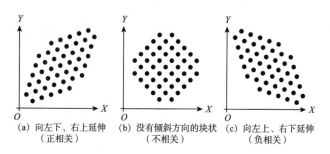

（a）向左下、右上延伸　　（b）没有倾斜方向的块状　　（c）向左上、右下延伸
（正相关）　　　　　　　（不相关）　　　　　　　　（负相关）

图 1-8　散点图与相关性

散点图也可能没有倾斜方向，而是横向或纵向笔直延伸的。能想到这些的人拥有很棒的观察力。但在这一点上，无论是左右延伸还是上下延伸，只要改变图表中横纵轴的刻度比例，就会呈现出各种没有倾斜方向的块状图形。

> **提示**
>
> 在思考例题 2 的前半部分时，你认为是数学好的学生语文也好的情况（正相关）比较多呢，还是数学好的学生和语文好的学生分别是不同的人的情况（负相关）比较多，或是二者没有明显关联（不相关），即两科都好的学生和都不好的学生，以及只有某一科好的学生数量相当。
>
> 在思考例题 2 的后半部分时，如果你认为两科成绩有某种相关性，那这种相关性是由什么因果关系支撑？是存在结构性的相关，抑或只是单纯恰好同时发生（也叫作假性相关等）？
>
> 如果是正相关，下述对于直接因果关系的说明是否有道理？
>
> *a.* 数学思维锻炼了大脑，对语文学习有帮助，反之亦然。
>
> *b.* 因为数学好，所以花在数学上的时间无须太多，有更多时间学习语文，反之亦然。

c. 语文好对数学课或数学题的理解有帮助，反
之不成立。

d. 以人工智能为例，数学能力是语言等其他能
力发展的基础，反之不确定。

如果对这样的解释你无法心服口服，那我们是
否可以认为这不是直接因果联系，而是某种结构性
的相关呢？

答案和解析

大家想想曾经的同学中，那些所谓"别人家的孩子"是
不是一般都是语文和数学都很好呢？

可能也有些孩子是数学天才但语文成绩差，又或是语文
很好，像行走的活字典一般的存在，但数学成绩一塌糊涂。
这种孩子应该并不多，即使有，也经常会被认为是"怪人"。
正是因为数学和语文成绩都很好的孩子更为常见，所以他们
才不会被认为是"怪人"。这时，我们便可以说数学和语文
的成绩呈正相关。

那么，数学和语文成绩间是否存在某些因果关系？正如
我在提示部分提到的那样：数学对语文学习有帮助，语文对
数学的理解有帮助，这在一定程度上也并非毫无可能。如果

你看不懂数学题就没办法参加考试，看不懂时间可能也会在语文考试中失利。但实际上，数学题目本身大部分人都能读懂，那些简单的文字根本不能和语文试题相提并论；而语文考试中需要用到的数学知识顶多也不过是看时间、数字罢了。仅凭这些，我们是无法断定数学与语文成绩间存在很强的正相关。

这样看来，我们应该放弃寻找直接的因果关系转而去寻找间接相关。间接相关是指语文和数学成绩同时受到某个外在因素的影响。

也就是说，"别人家的孩子"因为能够静下心来读题、解题、写答案，具有逻辑思维能力和信息处理能力，所以无论语文还是数学都能学得很好。

另外在语文和数学科目上还有一种情况比较少见，就像以前的修身[1]科目，以及现在作为教学科目而可能会引起舆论关注的道德[2]科目。遇到这些在评分时很容易受评分老师主观性影响的科目时，受老师喜欢的学生可能同时在多个科目中都取得好成绩。在这种情况下，这些成绩超过了学生本人的优秀程度，而这些科目间并没有什么结构相关性。

---

[1] 1890—1945 年在日本小学开设的课程，旨在改变当时日本社会中存在的不良风气。——编者注
[2] 由日本文部科学省主导的于 2018 年 4 月开始在日本小学开设的课程。2019 年 4 月起，日本初中学部也开设了此课程。——编者注

这就是所谓的假性相关，它们只是表面上看起来相关，实则并非如此。

我通过例题想告诉大家的是，从联合分布与表示联合分布的散点图中直接得到的只是相关的表面事实。在统计中最常见的误用、滥用的情况之一就是，只是观察到相关，就开始相信其为因果关系或其他结构相关性，更有甚者将这些结论开始明确地作为假设或证据。

当我们观察到联合分布中的相关情况时，一般的做法有以下两种。

第一种是用在变量可操控的情况。通过操控变量来观察它对其他变量的影响，这样就可以采取积极措施达到一定的作用。这里需要二者有因果关系，前一变量的改变会同时影响后一变量的改变。

第二种是针对仅有一个变量可以观察的情况，据此来推算另一个变量。比如参加入学考试时全部科目都参加的话，报名费用太高，这时可以只交部分科目的费用，用部分科目的成绩推算出其他未参加科目的考试情况。这时不要求已参加考试的科目与未参加考试的科目间有因果关系。就比如前面例题 2 中提到的语文和数学，虽然没有直接因果关系，但有其他相关也就足够了。

我在第 2 章中将阐述的回归问题主要就是针对以上两种情况，其中相关系数主要针对第二种做法来进行统计上具有代表性的推算。

横纵排布的交叉分析与边缘分布

我们先将表示联合分布的散点图向垂直方向投影，然后在横轴上就呈现出一维直线。现在舍去各观测值的纵坐标，只观察横坐标。这样一来，就只有横轴表示的变量（就本章例题 2 来说就是只有数学成绩）出现在分布中。这样将联合分布中的其他变量舍去，只留下一个变量的分布叫作边缘分布。

对其他的变量也可以做同样的边缘分布调整，即这次把散点图向水平方向投影，使其在纵轴上形成一维直线，这样就可以得到纵坐标（例题 2 中语文成绩）的边缘分布。这种以联合分布为基础分别导出各变量边缘分布的做法叫作交叉分析。

在实际应用中，用表格进行统计数值比用坐标图等图像进行视觉投影更实用。就像前文柱状图那样，把各变量的数值以不同范围来划分，记录每个范围内观测到的数值（称为频数）。如果这时有两个变量，那么就对应表格的横轴（行）和纵轴（列），这种形式也叫作二维排序。变量更多的情况可依次被称为三维排序、四维排序等。理论上多维排序也是可能的，但变量越多排序维度也会变多，使用便利性也就越差，所以一般最常用的是二维排序（见图1-9）。

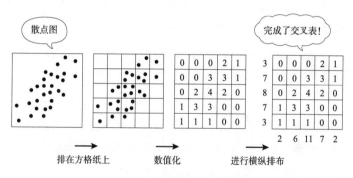

图1-9 散点图与交叉表

一般散点图都画在方格纸而不是白纸上，把观测值按顺序分别填到方格纸的格子中。这就是用表格代替图像来记录的联合分布。一方面方格纸的纵（经）线被横轴用来表示变量数值的范围，所以每个格子里的数值按纵向相加后，可以得到横轴上变量数值的边缘分布。另一方面方格纸的横（纬）线被纵轴用来表示变量数值的范围，所以每格的数值横向相加，这次可以得到纵轴上变量值的边缘分布。像这样收集各个变量求其边缘分布的表叫作交叉表。

　　根据交叉表，我们可以画出表示联合分布形状二维排序的条形图和柱状图。这时的图表是三维的，在早年需要手绘图像时，很难画好立体的图像，因此实际使用不多。但现在随着电脑绘图技术的发展，三维图表也就相当普遍了。使用条形图时，每个条形的高度可以直接表示该范围的频数，单变量也是如此。而使用柱状图时，每个柱子底面在各变量的范围内呈长方形，柱子的体积表示频数。这里用体积除以表示范围大小的底面积得到的值就是柱子的高度，即表示分布密度。

　　通过前文的例题，我们已经知道划分范围的不同会导致分布密度的不同，而交叉分析更是如此，划分范围的不同甚至直接影响变量间的相关，这一点需要多加注意。

例题 3

　　有 40 名学生参加数学和语文的能力测试，其中数学和语文都是 70 分的有 5 人，数学 60 分、语文 40 分的有 15 人，数学 40 分、语文 60 分的有 15 人，数学和语文都是 30 分的有 5 人。

提示

第一步，按各科成绩都是 50 分以上还是以下来划分，大致分为 2×2=4 种情况，做个统计表。这时两科成绩都很好与两科成绩都不好的人数之和与一科很好而另一科不好的人数相比，哪种情况的人数更多？

第二步，按各科成绩 0~33 分、34~66 分、67~100 分来划分，共分为 3×3=9 种情况。你也许会说，"还要分 9 种吗？好麻烦……"。请不要担心。这个表中有很多情况里面是没有与之相符的数据的，所以很容易统计。这时两科成绩都很好与两科成绩都不好的人数之和与一科很好而另一科不好的人数相比，哪种情况的人数更多（见图 1-10）？

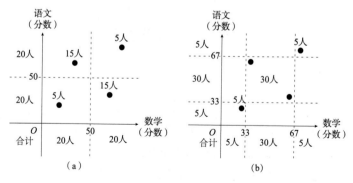

图 1-10　语文 – 数学成绩交叉表

答案和解析

图 1-10a 中，可以看出大多数人一个科目很好，另一科目不好。语文和数学成绩看起来呈负相关。

图 1-10b 中，大部分人都位于中间区域，少部分人是两科都好或都不好，更强调了语文和数学成绩的正相关。

以上内容虽然说是小学阶段的图与表，实际上却并不简单。在下一章，我们将学习小学数学统计中的描述统计的部分，这部分内容并非像图与表那样为视觉性的呈现，而是更强调数值的统计内容。

练习
一下

第一题　请找出下述 1～5 题中表述错误的地方。

1. 条形图和带状图的区别是：前者用条形长度表示频数（观测值的个数），后者用条形面积表示频数。

2. 应该用柱状图时却用了折线图显然是错误的，但是应该用折线图时却用了柱状图，严格来说不算错。

3. 散点图几乎呈直线分布时，这条直线如果平行于横轴或纵轴为不相关，与两轴相交的角度越大则相关性越强，与轴成 45°角时相关性最强（向右上升为正相关，向右下降为负相关）。

4. 从联合分布求边缘分布为交叉分析，反过来根据边缘分布的信息复原联合分布的情况称为因子分析。

5. 同时观察两个变量的时间序列并制成折线图，特别是运用最新电脑绘图技术，从理论上来说可行，但图表整体都画成三维后，折线本身相当于二维的斜面，将其叠加后看起来比较烦琐，缺乏实用性。

第二题 请思考下面 1～5 题中的情况，分别适合使用哪种图表。

1. 到 2018 年元旦，东京都北区目前人口情况如下：不满 15 岁的有 35 531 人，15 岁以上不满 65 岁的有 224 517 人，65 岁以上的有 87 982 人。

   请比较这 3 个年龄段人数，并将其汇总成一张图表。

   （a）条形图　　　（b）折线图　　　（c）柱状图

2. 从甲市到乙市的巴士早上 7：10 始发，之后每隔 40 分钟发出一辆，22：30 为末班车。请用条形图、折线图和柱状图来比较不同时间段巴士运行的频数。

   （a）比较 7：00～22：00 每隔一小时的发车频数。

   （b）比较 6：00～23：00 之间每隔两小时的发车频数。

（c）比较 6：00～23：00 之间每隔三小时的发车频数。

3. 请用一张图或表表示某学生在第一学期到第三学期期末考试中，数学成绩和外语成绩的变化。

（a）散点图　　（b）交叉分析表　　（c）条形图　　（d）折线图

4. 在第二题的第 1 小题中，将东京都北区从北部开始向南细分为赤羽地区、王子地区、泷野川地区并计算各地区人口，先从中调查每个地区中 3 个年龄段的人口数，然后进行交叉分析，用一张图清楚地表示出来。

（a）条形图　（b）带状图　（c）饼状图　（d）折线图

　　提示：因为此时比第二题的第 1 小题中的信息更多，必须从中筛选出画图所需的信息。答案不唯一，这里不考虑三维图，只考虑清晰明了的平面图方式。

5. 对参加了第一、第二学期数学和语文考试的 21 名学生进行追踪，观察各科目试题难易度的变化等情况。用哪种图表更合适？

　　提示：需要记录每名学生在第一、第二学期的数学和语文成绩 4 类数据。请选出一个看起来清晰易懂，且不浪费数据、信息全面的图表。答案不唯一。

第三题　欢乐初中和怀古初中都是同一所高中的附属学校，入学考试内容相同。语文 50 分＋数学 50 分＝满分 100 分。80 分以上可以考入欢乐初中，60～80 分可以考入怀古初中。某年度入学考试成绩的交叉分析情况见表 1-1。

表1-1　某年度入学考试成绩分段人数表

数学	语文					
	0～9分	0～9分	20～29分	30～39分	40分及以上	合计
40 分及以上	1	5	15	35	70	126
30～39 分	1	4	10	20	35	70
20～29 分	1	3	6	10	15	35
10～19 分	1	2	3	4	5	15
0～9 分	1	1	1	1	1	5
合计	5	15	35	70	126	251

1. 考进欢乐初中的最少有多少人？最多有多少人？

2. 考进怀古初中的最少有多少人？最多有多少人？

3. 考进欢乐初中和怀古初中的合计最少有多少人？最多有多少人？

4. 不局限于本题。通常认为数学成绩与语文成绩间呈正相关、不相关还是负相关？

5. 怀古初中的学生中数学成绩与语文成绩间呈较弱负相关，请思考其原因。

　　　提示：答案不唯一。

第四题　下列图表的使用均不恰当，容易引起误读，应如何改正？

1. 某学校调查学生满意度，调查内容分为教学质量、教学费用、硬件设施、升学指导 4 个部分，调查结果用折线图表示。

2. 某研究生院将每年入学人数按省内生源、省外生源和外国生源制成饼状图。

3. 将某年 1～12 月各月的国内生产总值（GDP）用条形图表示。

　　提示：此题按常理解答即可，无须考虑大月 31 天、小月小于或等于 30 天的情况，不用按日期制成柱状图。

4. 为了能一眼看出某年份经济水平是上升还是下降，将 1～12 月各月的 GDP 制成了折线图。

　　提示：本题需要一些专业知识，难度稍高，可以跳过。

5. 除了语文和数学成绩外，还想加上英语成绩来判断三者的相关，因此制成了三维散点图。

　　提示：立体图表看起来的确比较费劲。但这里更重要的是概念性的问题。本题难度稍高，可以跳过。

第五题 变量 X 与 Y，Y 与 Z 之间分别具有以下相关性时，变量 X 与 Z 的关系是正相关、不相关、负相关，还是关系不明？

1. 变量 X 与 Y 具有强正相关，变量 Y 与 Z 具有强正相关。

2. 变量 X 与 Y 具有强正相关，变量 Y 与 Z 具有强负相关。

3. 变量 X 与 Y 具有强负相关，变量 Y 与 Z 具有强负相关。

4. 变量 X 与 Y 具有弱正相关，变量 Y 与 Z 具有弱正相关。

5. 变量 X 与 Y 具有弱正相关，变量 Y 与 Z 具有弱负相关。

第 2 章

数据背后的真实含义

**数值与
数据性质**

在第 1 章，我们一起探讨了如何将依据一定规则收集起来的数值用符合数据性质的图表形式进行总结。这样，数值分布密度的最高点、正负相关等数据性质便一目了然了。

在本章中，我们将稍微深入一些，将统计数据的数量特征用科学计算器等最基本的计算方法求出来，这种方法也被称为描述统计，但严格来说它并非纯粹的记述，也包括一些最基本的计算。

有一种奇怪的现象：在小学阶段，甚至是中学阶段，我们都很少系统地接受过所谓描述统计的相关教育，可到了大学和研究生阶段，描述统计却被默认是学生普遍应该掌握的内容。究竟何为描述统计？比起具体文字说明，大家不妨依次看看接下来的例子，这将有助于理解这个概念。

最大和最小之间，表示数据的范围

学生上交的考卷或者作业被打好分数发下来时，很多老师会把"这次的最高分是 ×× 分"等相关总结挂在嘴边。更严厉一些的斯巴达式教育①类型的老师也许还会说"这次的最低分是 ×× 分"。希望这不会让学生们感到抑郁或者因此被欺负……

我们通常认为数据范围是所收集数据的最大值与最小值区间。这应该是语文常识吧！本书中不再为此赘述，但其实这个词也是一个统计术语。

老师专门公布最高分与最低分的目的，是让学生在学习时更有动力。虽然初衷是好的，但在使用数据范围这个概念时需要多

①　斯巴达式教育：一种古老的教育方法，约起源于公元前 8 世纪的斯巴达城邦，最初的目的是通过严格的军事训练，培养国家需要的武士。斯巴达式教育内容单一、方法严厉，与现代教育注重多元化方式截然相反。——编者注

加注意。因为这很可能只会反映出最高分、最低分等不具有普遍性的异常数值。

不管在什么时代，总会有那些"神童"或者经过父母超常教育拿到满分的学生，同时也有那些嫌麻烦不想写作业拿零分的学生。只要有一个这样的学生存在，那么刚刚老师所说的话就失去了意义。就像老师所说的，成绩范围是用来表示数据分布的最原始方法。虽然无视中间值，只关注最高值与最低值确实省事，但这会导致好不容易得到的众多数据信息都被浪费了。

全部相加再除以人数的平均

在学校等地方通常有两种情况会使用平均数。一是在前文中老师经常说的"这次的平均分是 ×× 分"，学生可以根据平均分来评估自己的成绩在班级里的位置，平均分可以作为个人衡量自己成绩高低的参考；二是当同一个学生的数学成绩 100 分，语文成绩只有 50 分时，那他的平均分就是 75 分。我们可以使用各科成绩总平均分的方式为学生排名。

与前文中所介绍的范围法相比，平均数的方法的确具有不浪费每一个数据的优点。比如，当出现一名因忘记写作业而得了 0

分的学生时，如果只看范围，那最低分将是 0，会对数据产生决定性影响。而如果看平均，只要学生总数不算少，那么这个 0 分的影响就不会很大。另外，如果老师只说"本次最高分是 100 分，最低分是 0 分"的话，我们是无法了解大部分学生的成绩是更倾向于 100 分还是 0 分，又或是 0～100 分每个区间都有的得分分布。而如果说"平均分是 50 分"，虽然我们也不能确定分数是在 0～100 分范围内广泛分布还是集中在 40～60 分之间，但如果此时有一名学生得了 60 分，他至少能了解到自己的分数没那么糟糕。

然而，平均数虽然不像范围具有极端值，但也会受极端值的影响。考试成绩有确定的满分，无法得到比满分更高的分数，平均分受极端值的影响相对较小，但收入或存款之类的统计恰恰相反。我们经常看到有报道称一些欧洲国家的国民人均年收入高达 10 万欧元。但不管是国土面积多小、经济多富饶的国家，也不可能所有居民全员都很富裕。更有可能是少部分富豪的高收入拉高了整体的人均年收入水平。

此外，平均数存在其他不具备实际意义的情况。如果说有名学生参加了数学考试并得了 100 分后突然发烧请假，没有参加之后的语文、理综、社会、道德等科目的考试，未参加考试的各科得分都是 0，那么他的总平均分是 20 分……这个 20 分根本不具备实际意义。这个分数只是校方为了方便自己统计学生得分来排名、存档的产物，并未反映出这名学生的真实实力。

　　一直进行这些抽象的说明，大家可能有些累了，现在我来出道题，让大家清醒一下。

例题 1

　　一个班有 35 名学生，某次考试该班的平均分为 72 分。其中有名学生得了 73 分，请问该学生在班内最高排名和最低排名分别可能是多少？

 答案和解析

　　因为该学生的分数高于平均分，所以他的最高排名可能就是第一名。

　　同时也可以直接看出，该学生不可能是倒数第一。

　　那么有可能是倒数第二名吗？

　　你可以先思考一下，我在章末专栏"练习一下"中第二题的第 2 小题中有相关提示。

以上就是我们在小学阶段学到的与统计相关的知识。可是整整 6 年就只学了这些？你或许再次认识到，在小学阶段的统计知识不过就那么一点点。接下来，我们开始了解中学阶段（特别是高中）数学中首次出现的内容。

偏差值，衡量成绩的唯一标准

正如前文所说，即使得到平均数，我们也无法得知观测值大多是集中于平均数附近，还是广泛分布。方差可以弥补这个不足。

方差是各个观测值与其平均数的距离（偏差）的平方的平均数。而方差（必然为正）的平方根被称为标准偏差。

为了能直观理解，我现在举一个极端的例子。假设在一个 40 人的班级进行数学考试，其中 20 人得了 80 分，其余的 20 人得了 50 分。那么该班级数学平均分为 65 分，这个平均分与每个人的分数距离都是 ±15 分，所以平方数都是 225 平方分（实际没有这个单位，请把它理解为类似平方米的单位），而它的平均数依然是 225 平方分，它的平方根也就是标准偏差为 15 分，和每个人与平均分的偏差（绝对值）是一致的。这种标准偏差，就是将每个人与平均数的大概距离进行了数值化（见图 2-1）。

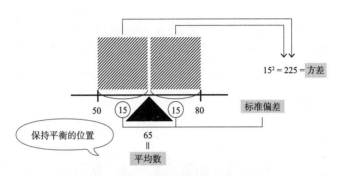

图 2-1　方差与标准偏差

　　为什么先算平方数之后又开平方根，这样二者相抵不是多此一举吗？一开始就不算平方数，直接计算与平均数距离的绝对值（也叫绝对偏差），然后再求其平均数，不是可以一次性解决吗？……如果你有这样的想法，说明你具有很敏锐的观察力。

　　随机选取一个不局限于平均数的确定数值，然后计算其与各个观测值的距离（偏差）的平方的平均数，当选取哪个数值时，该平均数最小？

 **答案和解析**

图 2-2 中有重要的提示。之后在本章众数那部分中将有更具总括性和普适性的例题，本题是一个特例。

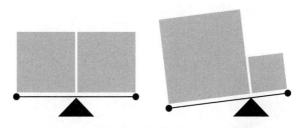

图 2-2　平衡被打破时偏差的平方和变大

在脑海中想象一个跷跷板或者天平，你将会有更直观的感受。平均数只是那个支点，而坐在跷跷板上的人或放在天平上的砝码与支点的距离就是方差。所以单独拎出方差来看可能没什么用处，实际应用中我们通常将方差与平均数放在一起。

刚好处于中间的中位数

除了平均数和方差这种汇集所有数值的统计方法外，还有一种方法是找出总人数中位于第几位的人是 ×× 分，这样将观测

到的数值直接标出，来说明分布特征。如将一组数据由小到大
（或由大到小）排序后，用 9 个点将全部数据分为 10 等份，位
于每个点上的得分即为十分位数，用 3 个点将全部数据分为 4 等
份，每个点上的得分即为四分位数，等等，以此类推。在这些分
位数中，最常用的是位于中间点的中位数（见图 2-3）。

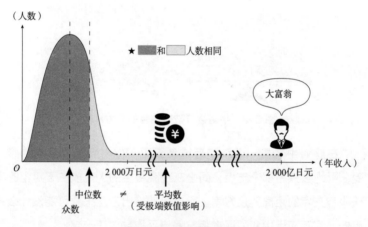

图 2-3　中位数与平均数

中位数是指按顺序排列的一组观测值中，居于中间位置的
数。当然，中位数不一定和平均数相同。那中位数什么时候大于
平均数，什么时候小于平均数呢？

从中位数的性质来说，如果观测值的过半都位于某个区间内，

那么中位数也一定位于该区间。比如在前文中所提到的，涉及人们的收入和存款等经济数据时，无论小部分有钱人会将平均数拉高到哪里，中位数都不会脱离体现大部分人实际生活水平的数值。

我再举一个更容易理解的极端例子。假设班里有 40 名学生，老师留了家庭作业，出了一个很难的题目，让学生们利用周末解答。但这个题目很难，学生的答案大相径庭。周末结束后，老师发现有 18 名学生回答正确，得了满分 100 分，剩下的 22 名学生回答错误，只有 0 分。这种情况下平均分为 45 分，但过半的学生得了 0 分，所以中位数为 0 分。中位数很明显小于平均数。

如果假设这次家庭作业题目稍微简单些，有 22 名学生回答正确，得了 100 分，18 名学生回答错误，得了 0 分。此时平均数是 55 分，中位数是 100 分。中位数很明显大于平均数。

例题 3

　　假定一个数值，然后比较各个观测值与其距离的平均绝对值（绝对偏差），当假定数值是多少时，平均数最小？

 **答案和解析**

前文也有一些重要提示，和本章例题 2 相同，本例题也是本章例题 4 的特例。

有一个关于集合点如何选择的问题，有 40 个住在不同地点的人想要在某处集合，将集合地点定在哪里总移动距离最短呢？如有 18 个人住在街道的 100 号，22 人住在 0 号，那么比起在 100 号或者中间的 45 号、50 号集合，在 0 号集合的移动距离是最短的。

与平均数相比，中位数的一个优点是不易受到异常数值的影响。最新的贫富差距调查显示，世界排名前 8 位的大富豪的总资产约等于全球排名后 90% 人的资产总和（后者中的很多人资产为零，人数再多资产也很少）。这种情况下，人均资产会受到少数大富豪的影响而增加，多于大多数人的实际资产。而中位数则不会受这些因素的影响。

但与此同时，中位数的缺点也显而易见。用一句话来说，中位数的缺点是忽视了分布在中间区域以外的两端数值，导致数据信息的浪费。特别是在上面的例子中，班级全员的分数为 100 分或者 0 分的情况下，该缺点格外明显。如果回答正确的人数逐渐增多，那么平均数也是递增的。可是如果看的是中位数，当回答正确的人数不过半，中位数是 0，而当回答正确者过半，中位数就会飙升至 100。40 人的班级中，如果回答正确的人数是 0 人或者 19 人，这两种情况对中位数没有影响，但如果回答正确的人数是 19 人或者 21 人，那么这两种情况下的对中位数将会完全不同，简而言之，中位数浮动较大，缺乏稳定性。

用众数分析市场行情

在前文关于家庭作业的极端例子中，中位数除了是位于分布数据的中间点外，我们还能通过中位数了解回答正确（100分）和回答错误（0分）的人中哪个群体人数比较多。而这个概念也被称为众数。

像这种例题，全部观测值只有两种可能的情况下，中位数和众数的数值是一致的，但它们二者的概念完全不同。假设这次作业共有两个题目，答对两题（100分）的有 15 人，答对一题（50分）的有 13 人，两道题均答错（0分）的有 12 人，那么此时的中位数是 50 分，而众数却是 100 分。

众数的英文是 mode。提到这个单词，可能很多人会想到时尚流行的事物。实际上也正是如此，最多人使用的东西也就是流行的东西。众数的优点是不仅适用于定量数据，也适用于定性数据。还以前文中家庭作业的例子来说，即使不将正确答案和错误答案用 100 分和 0 分量化，也可以求出众数。

可以这样说，众数是更倾向于定性数据的概念。当应用定量数据时，假定 40 人的考试成绩中，0 分到 37 分的各 1 人，满分 100 分的 2 人，这样机械地求众数就是 100 分。可是这能代表所有人的真实成绩吗？因此，不妨将成绩按定性数据分为几个等级，0～24 分为不合格，25～49 分为合格，50～74 分为良好，75～100 分为优秀，那么众数就是不合格的人数，而这才更符合实际情况。

····· 例题 4 ·····

选定一个基准数值，然后计算其与各个观测值距离的绝对值（绝对偏差）的 p 次方的平均数。当基准数值是多少时，这个平均数最小？

当 $p=2$ 时，回到例题 2。若 $p=1$，则和例题 2 相同。当 $p<1$ 且无限接近 0 时，这个例题的答案是什么？

反之，当 $p>2$ 且接近无穷大时，该例题答案是什么？

答案和解析

图 2-3 是一个直观的提示。

当指数 p 接近 0 时，若偏差也为 0，则它的 p 次方依旧为 0，但若偏差不为 0，则它的 p 次方全部是 1（注：0 以外任何数的 0 次方都是 1）。因此，偏差的 0 次方和，同观测值与基准数值的距离偏差不为 0 的个数相同。若想将其变小，则在选定基准数值时，应该选择观测值中出现最多的那个数值。而这时选出的数值的名称，也就是本章所讲的众数。

在例题 3 中已经讲过，若 $p=1$，则基准数值应该选中位数。在例题 2 中讲过，当 $p=2$ 时，基准数值应选取平均数。以上内容都分别举例说明过。

当 p 足够大时，绝对偏差即使只变大一点，p 次方也会立刻变得非常大。因此，通过与选定基准数值的最大偏差绝对值（即离基准数值与它最远的数值的距离）便可以大致决定绝对偏差的 p 次方和。若要使其无限小，则基准数值应选定在最大观测值与最小观测值的正中间。要特别注意的是这与中位数完全不同。若用图 2-3 来说明，因为大富翁年收入是资产总和的一半，所以他们的资产年收入肯定比众数和中位数都要大很多。

综上所述，我们介绍了如何从观测值中找出具有代表性的统计量。统计量是统计学的专业术语，一般来说只要是数据的函数都是统计量。最大值、最小值、平均数、方差、标准偏差、分位数、中位数、众数，这些都是统计量。

展现分布形态的偏度与峰度

下面，我们将简单介绍一下表示分布形态的统计量。这部分内容可能会涉及一些数学上的具体内容，我会尽可能简洁地向大家介绍。

$$偏度 = \frac{\dfrac{1}{n}\sum_{i=1}^{n}(x_i - \overline{x})^3}{\left(\dfrac{1}{n}\sum_{i=1}^{n}(x_i - \overline{x})^2\right)^{1.5}}$$

偏度是衡量统计数据分布非对称程度的数字特征。我们在年收入分布图中经常看到的观测值比较集中在左侧，即分布曲线较高的部分出现在较左侧的为正偏态；而像资本市场上股票价格每天涨跌一样，降幅明显大于增幅（右侧较高）的为负偏态。偏度公式是随机变量与平均数偏差的立方和的平均数，再除以方差的1.5 次方（标准偏差的立方）后得到的标准化数值，对称分布时该数值为 0。

$$峰度 = \frac{\dfrac{1}{n}\displaystyle\sum_{i=1}^{n}(x_i - \overline{x})^4}{\left(\dfrac{1}{n}\displaystyle\sum_{i=1}^{n}(x_i - \overline{x})^2\right)^2}$$

需要特别说明的是因正态分布的峰度为 3，有些做法会将上述公式减 3 使峰度标准化，但基本思考方式是相同的。

峰度是表示分布曲线两端高低的统计，即分布的峰态。说到这里，有些读者可能会认为：那用方差不就可以了吗？如果你这样想，证明你仔细阅读了本章的偏差值的计算，具有敏锐的统计洞察力。通常来说，方差大的数据，其观测值肯定是广泛分布的，分布曲线呈现两端较高且长长地延伸出去的形态。方差越小，观测值则越集中，分布曲线的两端不会延伸出去太长。但有趣的是，即使方差保持稳定，两端尾部的厚度依然可能有很大差异。直观地说，分布两端尾部较厚就会导致方差增大，为了阻止这种情形，就应该使数值着重分布在中央区域，以保证方差稳定性。也就是说，我们要使曲线分布中央的主峰格外高耸，这是峰度高的分布，也是峰度这个名称的由来。反之，在峰度低的分布中，两尾与中央主峰都不明显，中间的肩部比较突出。峰度的公式是用随机变量与平均数差的四次方和的平均数除以方差平方得到的标准化值，这个数值必然是正数。

在统计较专业的说法中，也会将偏度称为三阶中心矩，将峰度称为四阶中心矩。无论哪个都用到了偏差的三次方、四次方，所以清楚反映了距离平均数较远的观测值的信息。换句话说，这个概念特别重视分布在曲线两端的数据。

相关系数，数学成绩好，语文也不错

本章至此已渐入佳境，接下来让我们把视线转移到多变量数据上。除了前文中我们讨论的单变量之外，在多变量的情况下，观察变量间的相关性也非常重要。

在单变量的情况下，我们在前面已经介绍过，求距离平均数偏差的平方和的平均数为方差。与之对应，当有两个变量时，各个变量距离平均数偏差的乘积的平均数则为协方差。

假设数学分数在平均分以上的学生，其语文分数也在平均分之上，那么这两科成绩的偏差都是正数，它们的乘积也是正数。同样的，假设数学分数低的学生，其语文分数也低于平均分，那么这两科成绩的偏差均为负数，乘积是正数。像这样两科成绩都很好和两科成绩都不好的学生越多，偏差乘积为正数的学生就越多，因此，偏差乘积的平均数（协方差）也为正数。

相反，如果一科成绩好的学生另一科成绩不好，那么偏差乘积为负的学生更多，协方差也为负数。

用这样得到的协方差除以各变量标准偏差的积，得到的标准化结果为相关系数，其数值范围在 −1 到 1 之间。当结果为正时（也就是协方差为正），我们称作正相关；结果为负时，我们称作负相关。

一般来说，协方差最常见的用法是看相关的符号正负。但实际上，也会有无视符号只看相关性强弱的情况。相关系数的平方，即协方差平方除以各变量各自方差的乘积的值，被称为判定系数（可决系数）。判定系数为 0 时（相关系数也为 0），叫作不相关；判定系数为 1 时，叫作完全相关。

回归系数，数学成绩好，语文能考多少分

严格来说，回归分析也可以不属于描述统计，与相关系数一起学习会更加容易理解，所以在这里我将做简单介绍。二者主要的不同是，相关系数是同等对待两个变量，而回归系数主要是用一个变量推算另一个变量。

相关系数是用协方差除以各变量标准偏差的积后得到的标准化结果，而回归系数是协方差除以自变量方差的标准化结果。由数学成绩推算语文成绩（这被称为语文成绩对数学成绩进行回归）时，回归系数是将两科成绩的协方差除以作为自变量的数学成绩的方差得到的值。反之，数学成绩对语文成绩进行回归时，回归系数是将协方差除以作为自变量的语文成绩的方差得到的值。

通过公式，我们可以很清楚地看出，由于自变量和因变量的不同，回归系数也会发生相应的变化。但如果是正相关，则回归系数也为正；如果是负相关，回归系数也为负，其正负号是不变的。

而且，回归系数并不一定局限于 −1 到 1 之间。各变量单位改变后，回归系数也根据单位变化而等比例扩大或者缩小。我们再次回到语文成绩对数学成绩进行回归的例子，如果将语文分数由满分 100 分改到满分 200 分，把目前得分都变成原来的 2 倍后，回归系数也将自动变为原来的 2 倍。反之，语文分数满分还是 100 分，只把数学分数满分变为原来的 5 倍，即满分 500 分时，回归系数将变为原来的 1/5。

通过回归系数从自变量值来推断因变量值的方法叫作回归方程。广义上的回归方程需要运用复杂的函数形式，本章介绍的是比较简单的回归方程。它在散点图（可参考第 1 章内容）上呈直线分布，必定通过各变量的平均数，即散点图的重心。回归系数的含义是若将数学成绩作为自变量，那么数学成绩每高于（低于）平均分 1 分，语文成绩也随之高于（低于）平均分 ×× 分，将其数值化后就是回归系数；而将这些数值连起来的直线就是语文成绩对数学成绩的回归方程。

例题 5

语文成绩对数学成绩的回归方程和数学成绩对语文成绩的回归方程，二者在散点图上是同一条直线吗？如果是不同的直线，那么，哪一条较水平，哪一条较竖直？

提示

本例题并非要求计算，而是要理解回归方程的原理。想要培养这种直觉，一般来说用极端例子来解释是个不错的办法。

假设数学成绩和语文成绩的关系为完全不相关，语文成绩对数学成绩的回归方程和数学成绩对语文成绩的回归方程分别呈现怎样的直线形式？

 **答案和解析**

若相关为 0，则语文成绩对数学成绩的回归方程与数学成绩无关，为语文成绩的平均分数曲线。也就是将数学成绩放在横轴、语文成绩放在纵轴时，回归方程是表示语文成绩平均分数的水平直线。同理，数学成绩对语文成绩进行回归时，我们能得到一条表示数学成绩平均分的垂直直线。

我们再来看一个相反的极端例题，若数学成绩与语文成绩之间为"完全相关"，也就是相关系数为 1（完全正相关）或 −1（完全负相关）。这时，两个变量为线性相关，散点图上的数据全部集中在一条直线上。此时，无论语文成绩回归数学成绩，还是数学成绩回归语文成绩，回归方程都是同一条直线。

多数情况既不属于完全相关也不属于完全不相关，虽然其表示回归方程的直线不垂直或平行于横轴或纵轴，但与语文成绩对数学成绩的回归比较相对低平，与数学成绩对语文成绩的回归比较相对竖直。

换句话说，语文成绩对数学成绩的回归集中在语文平均分附近，数学成绩对语文成绩的回归集中在数学平均分附近。这就是回归（regression）一词的由来，它的词源是回归平均（mean regression）。

练习
一下

第一题 请找出下列 1 ～ 5 题中表述错误的地方。

1. 无论在任何情况下，中位数总是位于平均数和众数之间（包含平均数和众数相同的情况）。

2. 观测值在平均 ±2 标准偏差以内的概率最大为 100%，最小可以无穷小。

3. 在由 N 个观测值组成的一组数据中，其中一个数值丢失，如果知道总数据的平均数或中位数，就可以求出丢失的数值是多少，但如果只知道众数则无法求出。

4. 当两个变量不相关时，可以说两个变量是相互独立的，完全不能通过一方来推算另一方。

5. 变量 X 与变量 Y，变量 Y 与变量 Z，变量 Z 与变量 X 之间均为正相关，此时如果任两个变量间都不是强正相关，三个变量 X、Y、Z 之间也有可能只为弱相关。

第二题 请分别求出下列 1 ～ 5 题中的方差、标准偏差、中位数和众数。同时，第 4、5 小题中还需求出协方差和相关系数。

1. 在一个 40 人的班级中进行数学小测验，得 100 分的有 15 人，50 分的有 13 人，0 分的有 12 人。

2. 在 35 人的班级期末成绩中，得 74 分的有 33 人，73 分的有 1 人，5 分的有 1 人。

3. 在 1.2 亿居民中，有 3/4 的人（9 000 万人）资产为 0，剩余 1/4 的人（3 000 万人）中，每人平均资产 4 000 万日元，标准偏差为 4 000 万日元。

   提示：这道题是求全部居民资产的方差、标准偏差、中位数和众数。

4. 以 40 名四年制大学本科毕业及以上学历的成年人为对象，进行关于四则运算和概率统计的智力测验，共两道题。两题都错误的有 12 人，只有四则运算正确的有 13 人，两题都正确的有 15 人，只有概率与统计正确的"一看就是作弊"的有 0 人。

   提示：虽然数字接近，但我们不能直接把本题第 1 小题的答案照搬过来。这道题中两题的成绩应该分别看作两个变量。假设每道题正确得 1 分，错误得 0 分，正确率作为平均分，求方差、标准偏差、协方差和相关系数。另外，各题的中位数和众数不需要精确到具体分数，只求是正确还是错误。

5. 对 40 人进行学科测验，语文和数学都是 70 分的有 5 人，数学 60 分、语文 40 分的有 15 人，数学 40 分、语文 60 分的有 15 人，语文和数学都是 30 分的有 5 人。

第三题 衡量收入差距时经常用到相对贫困的指标。相对贫困通常用收入和存款等经济变量衡量，低于中位数 1/2 的阶层被认为是相对贫困层。该阶层的人口占总人口数的比率被称为相对贫困率。

1. 若人们的收入在 0 到一定上限（假设为 2 000 万日元）范围内呈均匀分配（分布密度一致，用柱状图显示为同样大小宽窄的长方形），求此时的相对贫困率。

2. 目前世界上大约有 75 亿人口，最顶端的 8 个人所拥有的净资产相当于排名最后 90% 的人群所拥有净资产的总和。其中一个原因是，后者中有过半人数没有资产。求全世界的相对贫困率。

3. 反过来，如果赤贫人口占总人口的 10%，其余 90% 的人口所拥有资产均等，求此时的相对贫困率。

第四题 多年来人们常用基尼系数来衡量家庭收入差距。若在横轴上将总人口看作 1，列出从低收入到高收入的累计人数，在纵轴上列出累计收入（处于纵轴某一位置及其以下的所有人的收入）或累计净资产，将累计收入或净资产总额看作 1，所绘制出的洛伦兹曲线和 45° 对角线之间的面积的 2 倍为基尼系数。如果人们的总收入或净资产完全均等，该曲线将和 45° 对角线重合，此时基尼系数为 0。但如果总收入或净资产都被一人占有，其余的人均为赤贫，则曲线会与底边、右边重合，此时基尼系数为 1。

1. 当人们的收入在 0 到一定上限（假设为 2 000 万日元）范围内呈均匀分配（分布密度一致，用柱状图显示为同样大小宽窄的长方形）时，计算此时的基尼系数。

2. 当总人口的 90% 资产为 0，剩下的 10% 均等掌握世界全部资产
   时，计算此时的基尼系数。

3. 当总人口的 90% 均等掌握世界全部资产，剩下的 10% 资产为 0
   时，计算此时的基尼系数。

第五题 对中间最高且越向两端尾部曲线越低的典型分布进
行以下 1～4 题的操作，画出简图，数出原图与新
图的交点。注意保证曲线下的部分面积为 1（面积
保持不变）。

1. 不改变分布形状，移动平均数的位置。

2. 不改变平均数（中央主峰的位置），改变方差（宽度）大小。

3. 在不对称的分布中，即左右尾长度、厚度不同，保持平均数不
   变使偏度（左右）反转。

   提示：偏度为正，即右尾长的分布，平均数位于主峰右侧。
   反过来，偏度为负，数值分布偏重左尾时，平均数位于主峰左侧。

4. 在对称的分布中，不改变平均数和方差，只改变峰度。

   提示：提高峰度，即提高中间主峰和两尾厚度，使两肩弧
   度变大。反之降低峰度，即降低中间主峰和两尾厚度，使两肩
   弧度平缓。

第 3 章

事件的情况数与集合，
中小学的概率

**重新认识
概率**

　　说到统计就不能不提概率。在日本，小学和中学的数学教学中，概率和统计是分开的，因此，你也许会觉得双方未必有很密切的联系。在本章中，让我们先重新学习与统计相关的概率方面的基础知识。

虽然大家对天气预报中所说的降水概率一词非常熟悉，但概率是什么？对于这个问题，能准确回答的人应该不多。

翻开辞典，我们会看到"或然率"一词的解释，但这只是简单地将概率一词换了个说法，并不能算作说明。在维基百科中，是像下面这样稍微详细一些的说明。

概率是反映随机事件出现的可能性大小或可能性比例。概率本身是一个不含偶然性的确定数值，是表示事件发生可能性的指标。

后半段话很重要。但从小学到初中数学中我们学到的内容，则局限于根据以往经验分析得到的概率。

概率，事情发生的可能性

正如大家在学校学到的那样，抛出一枚硬币出现正面的概率是 1/2。

这里的概率和天气预报说的"明天的降水概率是……"里所说的概率，他们思考方式有什么不同？先看图 3-1 图例。

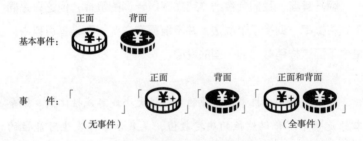

图 3-1　基本事件与事件图例

我们说硬币正面出现的概率为 1/2，是因为共有正面和背面两种情况，而且认为两种情况出现的可能性大小相同。像这样可能出现的情况称为事件。在事件中，无法再次细分的事件被称为基本事件。在硬币的例子中，基本事件有两个，且二者有相同的发生概率。投骰子或转动六角铅笔时，共有 6 个面可能出现，所以每个面出现的概率都是 1/6。

而说到天气，即使我们知道有晴、阴、降水这 3 种可能的情况，但也不能说每种情况出现的概率总是相同。当然，即使是抛硬币，如果硬币弯折了，就不能说两面出现的概率相同，此时每面出现的概率也不再是 1/2 了。

在数学书中，我们会利用可能的情况数（如硬币有两种情况，骰子有 6 种情况等）来计算概率。此时，每种情况出现的可能性是否相同是十分重要的。

基本事件，可能出现的情况数

我们在这里复习一下可能出现的情况数。有人可能觉得这里都会了，没必要重教一遍，下述内容可能有些的确是大家熟知的，但还请抱着查缺补漏的心态一起学习吧。

加法：当每次只能发生一种情况时，将这些情况数相加。比如抽签罐子里有 3 根代表中奖，10 根代表不中奖，每次抽出一根时可能结果只有中奖和不中奖两种，不存在既中奖又没中奖这样无厘头的情况，所以一共会有 10+3＝13 种情况，其中 3 根中奖，中奖概率为 3/13（见图 3-2）。

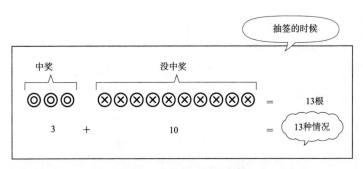

图 3-2　加法运算的示意图

　　乘法：当两种情况同时发生时，可以用乘法计算情况数。抛
两次骰子，第 1 次共有 6 种情况，第 2 次也一共有 6 种情况，那
样两次一共有 6×6＝36 种情况。因此，这其中的任何可能，比
如两次均出现"1"的可能为 1/36（见图 3–3）。

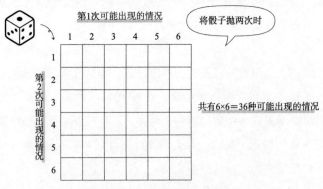

图 3-3　乘法运算的示意图

　　将这种两次同时出现的情况继续延伸，会连续多次出现一个或同时出现几个情况数，这时我们会用到排列或组合的方法来计算。排列和组合是根据情况适用不同公式来分类的（见表3-1），我们可以用 0～9 的数字以 4 种不同的排列组合类型作为例题来进行计算分析。

　　根据是排列（与顺序有关）还是组合（与顺序无关），结果可重复还是不重复，分为 $2 \times 2 = 4$ 种类型，到这里为止是高中学过的内容。但要注意的是，最后的重复组合不能用概率计算，这一点在高中阶段通常并未格外强调。这里用例题来说，是因为 $H_{10}^{4} = 715$ [①] 种情况的出现概率并非相同。如果 4 个数字为 0，1，2，8 时，有 $4! = 24$ 种排序方式，10 000 个排列中有 24 种，所以概率为 24/10 000。但如果 4 个数字都是 9 时，只有 1 种排序方式，所以概率只有 1/10 000。

　　在表 3-1 中，$A_{10}^{4} = 5\ 040$ 种情况，$C_{10}^{4} = 210$ 种情况，$_{10}\prod_{4}$ [②] $= 10\ 000$ 种情况，这些情况出现的概率相同，所以适合用概率来计算。

----

① $H_{n}^{m} = C_{n+m-1}^{m}$。——编者注
②希腊字母 π 的大写形式，在数学中为连乘符号。——编者注

表3-1　排列组合的4种类型

数字不重复	数字可重复
排列　用0～9共10个数字来排列的4位数，不允许数字重复（为使题目简单化，最高位千位可以为0），排列方法有 $A_{10}^4 = 10\times9\times8\times7=5\,040$ 种。其中出现数字"2 018"的概率为1/5 040。	允许排列时数字重复的4位数（最高位千位可以为0），排列方法有 $_{10}\prod_4=10\times10\times10\times10=10^4=10\,000$ 种。猜中4位密码（数字密码锁的密码）的概率为1/10 000。
组合　从0～9共10个数字中选出4个数字的方法（无关顺序）有 $C_{10}^4=\dfrac{10\times9\times8\times7}{4\times3\times2\times1}=210$ 种情况。结果偶然出现（顺序可打乱）0，1，2，8这4个数字的概率为1/210。	从0～9共10个数字中选出4个（可重复）数字的结果有 $H_{10}^4=\dfrac{10\times11\times12\times13}{1\times2\times3\times4}=715$ 种情况。密码锁的4位数密码偶然出现，不按顺序的0，1，2，8这4个数字的概率不是1/715，而是前面讲的1/10 000。

集合与概率——既要又要的并集和
既不要也不要的交集

我们在前文中介绍的加法和乘法分别与这里讲的集合中的并集和交集是相关联的，准确来讲并不对应，这里需要注意！

两个集合 A, B 的并集是指其所有元素并在一起组成的集合，记作 A B 。这里当然包含了集合 A, B 两方共有的元素。并集的思考方式并不特别考虑集合 A, B 是否相排斥（即是否没有共有元素），因此一般并集元素数量的求法（见图 3-4）是：（集合 A 里面的元素数量）+（集合 B 里面的元素数量）-（共有的元素数）。

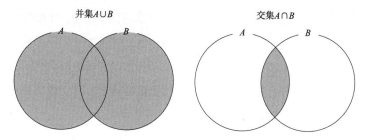

图 3-4 并集和交集示意图

集合 A 和集合 B 的交集表示同时属于这两个集合的元素所组成的集合，记作 $A\cap B$。交集 $A\cap B$ 里元素的数量，也就是既属于集合 A 又属于集合 B 的元素数量，肯定不是二者相乘，那么为什么日语中把交集叫作乘积集合呢？

我们想象有一个全集，假设集合 A 和集合 B 都是这个全集的一部分。那么集合 A 在全集的元素中所占的比例，可以看作参加 A 考试的合格率。

同样，集合 B 在全集的元素中所占的比例，可以看作参加 B 考试的合格率。此时既属于集合 A 又属于集合 B 的元素所占比例相当于 A，B 两门考试均合格的概率。这个概率是否与 A，B 合格率的乘积相同，需要根据 A，B 两门考试性质来判断。

如果两个考试比较类似，其中一门合格的话，另一门也很可能会合格，那么 A，B 考试均合格的概率将远大于 A，B 单独合格率的乘积。但如果两个是完全不同的考试，其中一门是否合格与另一门的合格情况完全无关，那么 A，B 均合格的概率也可以看作 A，B 单独合格率的乘积吧。后者这种情况，我们通常表述为 A，B 两门考试相互间是独立的。

另外需要注意的是，交集也可能表示两个集合的笛卡尔乘积

（也称直积）。这时的交集并非指前文所说的两集合相交的部分，而是从每个集合中各取出一个元素后组成的有序集合（见图 3–5）。

B

A		木	火	土	金	水
	阴	阴木 乙	阴火 丁	阴土 己	阴金 辛	阴水 癸
	阳	阳木 甲	阳火 丙	阳土 戊	阳金 庚	阳水 壬

$2\times5=10$ 种情况

图 3–5　笛卡尔乘积与交集的区别

注：笛卡尔乘积表示 $A\times B$（而非 A，B 相交的部分！）

比如集合 A 是｛阴，阳｝，集合 B 是五行，即｛金，木，水，火，土｝，那么这两个集合的笛卡尔乘积则为十干，即｛甲（阳木），乙（阴木），丙（阳火），丁（阴火），戊（阳土），己（阴土），庚（阳金），辛（阴金），壬（阳水），癸（阴水）｝。这里能直接用乘法法则得出情况数。

抽签中的和事件与积事件

概率事件可分为和事件与积事件，与先前介绍过的集合联系起来看，可以说元素是基本事件，它们的集合为事件。

可以想象一个元素为一个竹签，A 表示所有意思为"大"的竹签集合，B 表示所有意思为"凶"的竹签集合。与之对应，事件 A 会出现大吉或大凶的情况，事件 B 则会出现小凶、中凶、大凶中的某一情况。

此时，和事件 $A \cup B$ 就是出现事件 A 和事件 B 中的某一种（或两者同时出现），即出现大吉、小凶、中凶、大凶中的某一个事件；积事件 $A \cap B$ 表示在两个事件中同时出现的情况，即大凶。

和事件 $A \cup B$ 的概率 = 事件 A 的概率 + 事件 B 的概率 − 积事件 $A \cap B$ 的概率

一般来说，积事件 $A \cap B$ 的概率并非等于事件 A 与事件 B 的概率乘积。若积事件 $A \cap B$ 的概率等于乘积，则称事件 A 和事件 B 相互独立。

多高的降水概率是准确答案

那么，遇到像天气预报的晴、阴、降水等情况，概率并非总是确定的事件该怎么办？如果是一道数学题，那么对于"降水概率是多少"的正确答案只能是"不知道"。因为这道题并不严谨。

那么请思考一下，对于降水概率 10%、25% 或者 50% 这种情况，哪一个概率是正确的呢？这种题目的表述方式比较模糊，我们现在很难判断。

"上天"出了这道题，作为答题的凡人，我们只能仰望天空来预测风雨，然后尝试着解答这道看不太懂的题目。

这个题目很重要的一点是，正确答案是降水的概率，而不是晴或降水这样的事件，即回答的重点是概率，而不是事件。实际上会不会降水，"出题人"也不知道，他们知道的也仅仅是降水的概率。

因此用数学语言来解释就是，降水概率预报的目的并不是预报天气状况，而是能否准确预报概率。有人总是抱怨"天气预报不准"，这些人错误地认为"明明天气预报说今天降水概率是 20%，结果却降水，那么降水概率 80% 就是不准确的"。无论今天是否降水，20% 的降水概率都可能是正确的。

那这个概率是怎样推算出来的？这属于统计的思考范围，我会在后面详细介绍。

概率空间的意义，构建可能性的框架

我想好好利用这个难得的机会，向充满求知欲的读者介绍这个较专业的概率概念，以供参考。如果你没什么时间，不是特别感兴趣，又或者你精通数理统计，对概率空间、σ 域（西格玛域）这些概念耳熟能详，那么可以跳过这些内容。

在数学上概率的正式定义为概率空间（probability space）。概率空间的定义如下。

（1）状态，即随机变量的值组成的集合。
（2）事件，即（1）里随机变量集合中的子集组成的集合。
（3）将（2）里的事件集合作为测度空间的概率测度函数（probability measure function）。

回到我们刚才的例子，在天气状况的随机变量（请参照第4章内容一起来看）中，这个值只能是晴、阴、降水其中的一个，所以（1）的状态的集合为｛晴、阴、降水｝。这种状态直观上被认为与基本事件相同，这样，（1）就是基本事件的集合。

在集合论中，给定一个集合时，该全集（准确来说是可以预测到的全部）的子集被称为 σ 域。（2）是（1）的 σ 域，也就相当于例题中的 ｛φ｝，｛晴｝，｛阴｝，｛降水｝，｛晴，阴｝，｛晴，降水｝，｛阴，降水｝，｛晴，阴，降水｝。（2）不仅包含了基本事件，它还是所有事件的集合。

最后，我们对各种事件进行定义。此时我们需要没有矛盾的定义，如 φ 的概率为 0，｛晴，阴｝的概率为 ｛晴｝与 ｛阴｝概率的和。

在数学上把这种满足一定条件的函数特别称为测度函数或测度，因后者也可以指测度函数的数值，故特指函数时推荐用前一种叫法。另外，概率测度函数的测度值必须是 0～1 之间的实数，全集也就是例题中的 ｛晴，阴，降水｝，其概率测度必须为 1。

看了以上定义，是否有人觉得没必要这么冗长呢？这些人一

般都很有数学头脑。我们只定义（1）的集合，跳过（2），直接
定义各状态，也就是基本事件的概率，这样不就可以了吗？

一般来说，数学是一门特别注重一般性的学问，为什么不用
这种简便的方法呢？因为考虑到了（1）中的随机变量有可能是
连续值（尾数）。例如，明早9点的气温刚好是15.312 5 ℃，它
的概率是多少？肯定无限接近于0吧，这就是基本事件。这时，
我们不能就每个基本事件直接定义概率，因此只能用子集代替，
比如定义明早的气温在14.5 ℃～15.5 ℃的概率。这就是为什么
看似绕远路的（2）中 σ 域的定义有存在的必要。

练习
一下

第一题　请找出下述 1～5 题中表述错误的地方。

1. 抛掷两枚同样形状且大小一样的硬币,基本事件分为正正、正反、
　反反 3 种, 出现正反的概率为 1/3。

2. 投掷两次骰子, 至少出现一次 ⚀ 的概率是第一次投掷骰子出现
　⚀ 的概率 1/6 与第二次出现 ⚀ 的概率 1/6 之和, 即 1/3。

3. 投掷 3 次同样形状且大小一样的骰子, 共有 6×6×6=216 种情况

（排列），但因为骰子没有顺序，所以各有 3×2×1=6 种情况看起来是相同的，因此看起来不同的情况（组合）只有 216÷6=36 种。

4. 共有 6 名小朋友，每 2 人一组分 3 组，则不同的分法有

$$C_6^2 \times C_4^2 \times C_2^2 = \frac{6\times5}{2\times1} \times \frac{4\times3}{2\times1} \times \frac{2\times1}{2\times1} = 90 \text{ 种}$$

5. 事件 A 与事件 B 相互独立，事件 B 与事件 C 相互独立，若事件 C 与事件 A 也相互独立，则这 3 个事件 A，B，C 均相互独立。

　　提示：请找出反例。

第二题 请求出下列 1～5 题中每题的可能情况数。

1. 有一条街道像日本象棋棋盘一样，横向和纵向均有 9 个区划。

　　(i) 从西南角（左下）向东北角（右上）的最短路径共有多少条？

　　　　提示：向东（右）有 9 个区，向北（上）有 9 个区，共 18 个区。不同顺序的路线共有多少条？

　　(ii) 中央（想象棋盘中央 5×5 格子）处发生大规模坍塌，该区域周围禁止通行，那么 (i) 中求到的路径中还可以继续通行的有多少条？

2. 有金、木、水、火、土、日、月这七个铅字各 2 块，共 14 块。

　　(i) 可以组成多少个二字词语？

　　　　提示：组成的两字词语未必需要具有含义，以下同。

　　(ii) 每 3 个字共可以组成多少个词？

　　(iii) 每 4 个字共可以组成多少个词？

3. 共有 1 日元、5 日元、10 日元、50 日元、100 日元、500 日元 6
种硬币。

(i) 6种硬币每种一枚,总金额 666 日元。请问在不找零的情况下,
可支付的金额有多少种?

提示: 作为数学问题,无论现实中存在与否,支付 0 元这
种情况都为正确, 以下同。

(ii) 6 种硬币, 1 日元两枚, 其余每种一枚, 共计 7 枚 667 日元。
请问在不找零的情况下, 可支付的金额有多少种?

(iii) 每种两枚, 共 12 枚硬币, 合计 1 332 日元。请问在不找零
的情况下, 可支付的金额有多少种?

(iv) 每种 5 枚, 共 30 枚硬币, 合计 3 330 日元。请问在不找零
的情况下, 可支付的金额有多少种?

4. 有一规格为 9×9=81 个格的正方形棋盘。

(i) 共有多少个正方形?

(ii) 共有多少个长方形?(i) 中的正方形当然也属于长方形的
范围。

5. 关于约数的个数, 请回答下面的 (i) 和 (ii)。

(i) $10!=1×2×3×4×5×6×7×8×9×10=3\,628\,800$ 的(正数)约
数共计多少个?

提示: 1 和 3 628 800 本身也算作约数。

(ii) 在 0 到 1 兆的自然数里,刚好有 7 个(正数)约数的有多少?

第三题 每天的天气情况为"晴"或"降水"的某一种，如
果当天是晴第二天也是晴的概率为 0.7，第二天为
降水的概率为 0.3；如果当天是降水则第二天也是
降水的概率为 0.8，第二天为晴的概率为 0.2。已知
今天是晴。

1. 后天是晴的概率为多少？

2. 大后天是晴的概率为多少？

3. 3 个月（91 天）后是晴的概率为多少？

提示：只要你不是太闲，这里不推荐继续用和第一题、第
二题相同的方法计算 91 天后的情况。

第四题 有一个边长为 1 的正六边形，每个顶点分别用 1～6
的 6 个数字编号。接下来掷骰子，根据骰子点数选
择 3 个顶点，求 3 个顶点相连形成的三角形的面积。
如果连续出现相同数字，则无法连成三角形，面积
为 0。求此时三角形面积的期待值（平均数）。

（选自 1981 年东京大学入学考试题）

第五题 电脑九段和手机八段的两名棋手反复对局。开始时
双方手中各有 20 枚硬币，每局结束后负者要给胜
者一枚硬币。最先失去全部硬币的棋手被淘汰出局，
此时拥有 40 枚硬币的棋手获胜。电脑九段每局的

获胜率为 0.51，手机八段每局的获胜率为 0.49，在没有平局的情况下，请计算电脑九段取得最终胜利的概率是多少？

提示：最终必将有一方获胜，这个事实无须证明，可以直接用。

概率统计 一生受用的

第二部分

用概率统计了解世界

第 4 章

高中数学中的统计

概率和统计的桥梁

我们经常把概率和统计放在一起说，这二者有怎样的联系呢？

我相信很多人虽然在学校中学了概率和统计，但对二者之间的联系未必十分清楚。在本章中，让我们来一起解开这个疑惑吧！

随机变量，骰子的点数与硬币的正反

我们在抛硬币时所出现的正面、背面，以及掷骰子时出现的每个点数等都被统称为随机变量。

你可能会这样问，这和之前说到的事件与基本事件有什么不同呢？实际上，这样想的人逻辑思维能力很强。我们也可以说，这是从不同视角来看同一事件。

如果一定要加以区分，那我们不妨认为随机变量是一种函数，而它的概率值就是事件和基本事件。我们可以这样理解：当我们输入一种叫作硬币的事物后，经过一阵哗啦哗啦的响动，就好像函数在工作一样，然后输出一定概率的正面或背面。当输入时间和地点这样的数据后，函数会根据时间和地点来输出相匹配的气温、降水等天气状况。

所以我们甚至无须局限于随机变量这个名字，广义上来说也可以包含数字以外的东西。像正反、生死都可以看作随机变量，我们称作定性变量、定性数据，在现实生活中这样的例子数不胜数。

记录掷骰子的数据，就是数据生成过程

数据是记录下来的实测值。简单来说，实测值就是已经发生了的天气状况或生死等结果。

可能会有人觉得，既然是已经发生的结果，那重视这个概率也没什么意义吧。实际上，在历史上很长一段时间里，人们也是这样单纯地认为的。而后来，人们发现，像昨天的天气、祖先的死亡等这些过去的数据、概率值，在它们产生之前，从过去的数据来看是具有一定概率的。这种思维方式的转换是一个巨大的变革，可以说是统计学的起点。

而将其具象化、模型可视化的，正是所谓的随机数表。随机数表是将 0～9 的数字以均等概率随机重复抽出而记录下的表。像前文中提到的日本数学教科书中的随机数表已经被记录在书中，无论我们现在是投骰子还是抛硬币，都不能替换掉它。但是，这些随机数在被记录之前，也是随机变量的一员，又因为记录的

是观测值，所以才叫作随机数。

没有被打上随机数名号的一般数据同样也是随机变量的一员。比如形成大家的长相、体形、体质等基础的基因，也是由各自父母的基因序列随机进行减数分裂的生殖细胞形成的，它们最初也是随机变量。国家和地区的人口出生和死亡等的自然增减和迁入、迁出、入籍等社会增减也是随机变量实现了某个数值结果的产物。

所以说这些数据的基础是随机变量，更准确地说，把这些随机变量转化为数据的过程被称为数据生成过程。然而，无论是一般的数据，还是其背后隐藏的随机变量和数据生成过程，都是无法直接观察到的。数据生成过程说到底不过是像存在的东西那样的假设性概念。

概率分布，骰子某个点数出现的可能性

概率分布可以看作各事件可能发生的概率。比如抛硬币时，出现正面的概率是 1/2，出现背面的概率也是 1/2。掷骰子时 1 ～ 6 中每个点数出现的概率均为 1/6。换句话说，这就是把事件的集合变成有关概率的函数（映射），这个函数被称为概率函数或概率分布。

数据生成过程就可以看作数值的概率分布。因为数据是根据概率分布生成的。重复抛硬币，将正面记作 1，背面记作 0，则可以得到一个二进制随机数。用计算机等机械生成的伪随机数，虽然实际上并不是由抛硬币或掷骰子得出的，但它会进行计算，通过记录计算结果来代替随机数。简单来说计算本身没什么价值，它只是用无法预测的胡乱发生的外源性事件来代替随机数的一种操作的俗称。

举个例子来说明（见图 4-1），图中的数字代表了电子资料的列表与各自的大小（字节数）。图中上位数会受资料规模的影响，下位数会受倍数性质影响，所以抽出中位数作为伪随机数。计算的方法论本身并不重要，只是作为随机抽出的一个不错例子。

用中位数作为伪随机数
849 657 058 397 433 …

LTCLR13n.dll	1 6	84 9	92 bytes
LTDIS13n.dll	2	65 7	28 bytes
ltefx13n.dll	2	05 8	24 bytes
ltfil13n.dll	1	39 7	76 bytes
ltkrn13n.dll	4	43 3	92 bytes

上位数中没有足够数据　　　　下位数受倍数性质影响会产生
所以舍弃　　　　　　　　　　偏差，所以也舍弃

图 4-1　计算与随机抽出

比如在单选题中，有两个选项我们实在不知道哪个是正确的，当场抛硬币难以实现，因此用其他方法代替：闭一下眼睛，在睁开眼睛的那一瞬间看挂钟，如果秒针指向奇数则选择 1，如果秒针指向偶数则选择 2。如果是用电脑，我们可以观察机器内部可以自动记录的信息，比如 CPU 每秒的利用率或内存占有量等字节数的末位数位来进行计算。

数据越多，越接近真正的概率分布

从同一概率分布中抽取大量的概率值后，可以接近（近似）其概率分布，统计上称作大数定律。

在数学上大数定律属于渐进理论，即使我们不知道严密的理论也可以直观地理解它的含义。

那么在真正应用中，多大的数据可以称为大数呢？数学上并没有对大数的严格定义，我们只能根据设定的概率分布形状来判断。但若要达到尾部分布较长，也就是概率分布中极端值出现概率很小的情况，我们就需要足够庞大的数据和大量概率值。同理，即使是同一概率分布，中间部分的厚度（分布密度高）的形状只需要较少数据就可以达到相似效果，但尾部分布密度低的部分必须有大量数据做支撑才行。

比如将一枚硬币变形，它的正反面出现概率就不一定是相等的。然后数百次、数千次抛硬币并记录结果，得到数据，我们可以通过这些数据得知概率分布，即正反面分别出现的概率。

概率分布不仅可以对类似正反面这样的定性数据进行定义，也可以对气温、降水等定量数据进行定义。天气预报会从以往的气象数据中选出气压这类条件，然后分析不降水有几天、降水低于 1 毫米的有几天、降水低于 2 毫米的有几天……像这样搜集统计数据，然后推算降水量的概率分布，并据此预报明天 1 毫米以上降水的概率为百分之多少。

随时间变化的随机变量

如果概率分布不随时间的变化而变化，那么就按随机数生成那样简单重复数据来显现，但在实际生活中，大多数有用的随机变量都是随时间变化而变化的。随机变量是时间的函数时，叫作随机过程。

概率分布不仅随时间变化而改变，也会受到过去概率值的影响。比如当气温为 0 ℃时，不可能一小时后就变成了 20 ℃。这种情况，我们称气温存在序列相关，表示概率分布受同一随机变量不久前数值的影响。

即使随机变量本身不存在序列相关，但在它们的累计数值中也会产生很强的序列相关。比如反复掷骰子时出现的点数的累计值是之前的累计值 +1 到之前的累计值 +6 的均匀分布（各整数值的概率分别是 1/6），所以这个概率分布很显然依赖过去的概率值。

我们将随机变量按时间顺序记录，其观测值的数据列统称为时间序列。某地过去的气象数据，GDP 和居民收入所得等逐月、逐年记录的数据等，这些都属于时间序列。

我们在追踪记录时看起来相同的情况，比如抛硬币并记录正反面结果，虽然也是简单反复试验，但每次的结果独立存在，像这种情况不被认定为序列相关，这样得到的数据也不是时间序列。我们特别需要把如下情况得到的数据看作时间序列。

1. 像具有季节性的气象数据，在统计中被称为趋势，即数据生成过程的概率分布随时间而变化的情况。
2. 表示中长期健康状态的体检数据、与收入数据相关的储蓄余额

　　和资本储蓄，像这样状态变量的存量与各阶段相关，过往的概率值影响概率分布的情况，等等。

　　正如上面这两种情形，尽管只是简单的反复试验，但其累计结果中也呈现出了序列相关或时序相关的特征，前面掷骰子也与此类似。像这种情况，我们把每次的试验称为流量，累计值称为存量。形象地说，我们可以把流入水槽中的水看作流量，水槽的水位看作存量。

中间高两头低的正态分布

　　想必大家经常会见到中间高、两头低、左右对称分布的图形，即钟形分布的那种。这种分布是典型的正态分布，不知道大家是否还记得在高中概率和统计上对此的介绍。

　　并不是说所有的钟形分布都是正态分布，其对中间的高度和向两边下降的幅度都有着严格的规定，符合数学教材中正态分布表的形状是标准正态分布，即平均数＝0，方差＝标准偏差＝1 的正态分布。改变平均数移动曲线位置，改变方差和标准偏差改变分布范围后，可得到一般正态分布。

用数学语言来说，某变量 X 是标准正态分布的话，其仿射变换（一次函数）$aX+b$ 为正态分布（见图 4-2）。

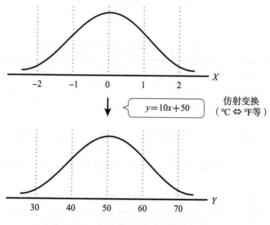

图 4-2　正态分布与标准正态分布

如大家所熟知的偏差值，它是将成绩按平均分 =50，方差 =100，标准偏差 =10 来进行规范的。如果原先的成绩符合正态分布，那么经仿射变换为偏差值的正态分布相当于将标准正态分布乘以 10，再加 50 得到的结果。若某学生偏差值为 70，那么他的优秀程度是多少？

因为偏差值等于平均分 +2 标准偏差，查询标准正态分布表（见表 4-1）中"2"的地方是 0.977 2（注意：根据表格的编写原则不同，有些表格的书写方式也会有所区别，使用时请仔细确认表格的注释），这叫作累积分布，表示 97.72% 分布位置在平均分 +2 标准偏差曲线左下侧，偏差值 70 意味着该成绩排名在前 2.28%，即 1 000 人中大约排 23 名。

表4-1 标准正态分布表

	*.0	*.1	*.2	*.3	*.4	*.5	*.6	*.7	*.8	*.9
0.*	0.500 0	0.539 8	0.579 3	0.617 9	0.655 4	0.691 5	0.725 7	0.758 0	0.788 1	0.815 9
1.*	0.841 3	0.864 3	0.884 9	0.903 2	0.919 2	0.933 2	0.945 2	0.955 4	0.964 1	0.971 3
2.*	0.977 2	0.982 1	0.986 1	0.989 3	0.991 8	0.993 8	0.995 3	0.996 5	0.997 4	0.998 1
3.*	0.998 6	0.999 0	0.999 3	0.999 5	0.999 7	0.999 8	0.999 8	0.999 9	0.999 9	1.00 0

为什么正态分布那么重要，在日本，高中数学书中都要有这个表？在现实的很多分布中，平均数出现的概率很频繁，相反两侧的极端值出现的概率则很少。正态分布大多是呈中间高和越向两侧越低的钟形分布。广义上来说，人类的体形、收入、学校成绩等的分布都可以看作钟形。

但这真的是正态分布吗？如果不是的话，和很多看起来像钟形的分布略有差异的正态分布，为什么会被我们赋予特殊的地位呢？

正态分布厉害之处

根据一定概率分布的多次反复试验并记录其观测值，如果试验次数足够多（渐近），则这些累计值的分布就会与原概率分布无关而渐趋近于正态分布，这个性质叫作中心极限定理。

例如抛 100 次硬币，记录出现正面的次数。从 0～100 次可能出现的事件共有以下这么多种：

$$H_2^{100} = \frac{2 \times 3 \times \cdots \times 100 \times 101}{1 \times 2 \times \cdots \times 99 \times 100} = 101 \text{。}$$

但这 101 种事件出现的概率并不相同。就像我们在第 3 章中学到的那样，重复组合中各事件出现的概率并不等同。在这道例题中，出现概率最高的是中间的第 50 次，接下来是其两侧的第 49 次和第 51 次，照这样继续，概率最低的是第 0 次和第 100 次。如果我们认为这个分布中，100 次已经足够多了，那么这个分布基本呈正态分布。

需要注意的是，我们这里说的中心极限定理的性质并非每次试验的概率分布是正面（1）和背面（0）各占一半而呈正态分布，而是多次试验累计的和呈正态分布。

　　还有一点需要注意的是，这里的中心极限定理是在每次试验独立的情况下，或者即使有序列相关但其相关性也非常弱的情况下成立的。根据独立性和弱序列相关的基准不同，数学统计上现在有几十种差异微妙的中心极限定理版本，对此我不详细展开，大家有个直观的理解即可。

　　比如当我把硬币丢到泥泞的地面上时，先着地面的那一面会沾上泥土变重，因此第二次继续朝下的概率就会增加，这种情况叫作强序列相关，连续出现 100 次正面或连续出现 100 次背面，这样极端事件出现的概率增大，很明显这种情况不符合正态分布。

练习一下

第一题　　请找出下述 1～5 题中表述错误的地方。

1. 信用卡的分期付款利息高昂，我们尽量不要使用，如果不得已使用了，那么月息 1%，年息则为 12%。

2. 资本的每一投资期可能会出现上涨 10% 或下跌 10% 的情况，二者发生的可能性均等。如果长期持有，那么与最初投资额相比，该资本的涨跌概率与投资期数无关，也是均等的。

3. 无论怎样的概率分布，其平均数都不是必定处于上下平分的位置。但在整体的分布中，不可能存在 100% 的概率都在均值以下的情况。

4. 随机变量之和还是随机变量。它的均值等于原随机变量的均值和，它的方差等于原随机变量的方差和。

5. 随机变量之积还是随机变量。它的均值等于原随机变量的均值的乘积。

第二题 用电子计算机等生成的典型伪随机数在 $0 \sim 1$ 之间均匀分布。

1. 请计算这个均匀分布的平均值、方差、标准偏差。

2. 当从这个均匀分布中得到 n 个独立的观测值时，求从小到大第 m 个值的概率密度。

　　提示：观测值为 x 的概率密度是：作为基础的均匀分布 x 的概率密度 $=1$ 乘以"剩下的 $n-1$ 个的观测值中的 $m-1$ 个值比 x 小和 $n-m$ 个值比 x 大"的概率。

3. 求出第 2 题的期望值。

4. 求出第 2 题的众数。

第三题 个人收入或家庭存款等的均值总是高于大多数人的实际感觉。比起均值，中位数和众数更贴近人们的实际感受。在有关收入和存款的多数统计里，也有

均值高于中位数，中位数高于众数的倾向。请直观
说明为什么大多数人会容易产生"众数 < 中位数 <
均值"的倾向？

提示：均值对应最小二乘法，中位数对应最小绝对偏差法。

第四题 有一名昭和（1926 年 12 月 25 日—1989 年 1 月
7 日）末期的考生，他参加目标院校的模拟考试，
数学偏差值为 106。

1. 请使用正态分布表，大致算出偏差值 106 以上的相对次数（也
可看作发生这种情况的概率）。
   提示：在高中课本等常见的标准正态分布表中，最多只
   有对应平均分 +5 标准偏差，即偏差值为 100 左右的数据，
   本题中需要用到平均分 +5.6 标准偏差，此处对应的数值是
   0.999 999 989 284 21。

2. 全日本每年约有 60 万名考生参加高考，平均每名考生参加 4 次
模拟考试，每年大约有 240 万人次参加模拟考试。从昭和末期
到现在累计参加模拟考试的共有约 7 000 万人次，其中数学偏
差值达到 106 的大概有多少人次？

3. 根据前面的 1、2 题计算，是否可以得出昭和时期这名考生的纪
录之后没有被打破的结论？如果不能得出此结论，请阐述你的
理由。
   重要提示：不对数学成绩进行正态分布的原因是什么？

第五题 两个随机变量 X 和 Y 相互独立，且均呈正态分布。
但这两个正态分布的均值和方差不一定等同。

1. $X+Y$ 是正态分布吗？请直观阐述理由。

2. X 与 Y 的概率密度之和再除以 2，这样能否得到正态分布？请
   直观阐述理由。

第 5 章

估计，从数据还原事实

估计

　　用一句话概括，统计就是关于通过孩子的长相（结果）来推测父母长相（原因）的过程，也正因如此，不少人觉得统计很难理解。因为对大多数人来说，孩子像不像父母这样的思考方式，比父母像不像孩子要自然得多，这就好比顺流而下比逆流而上要容易得多。我们在生活中也会发现，一般推断的时候总是倒着推，而不是顺着向下推。古生物学家通过对现存生物的观察来推断它曾经的样子及进化的过程；警察在发生事故的现场收集证据以寻求事件真相。如图 5-1，我们可以更清晰地看明白推断的过程。

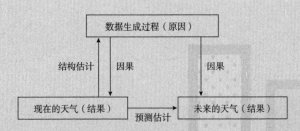

图 5-1　统计推断的方向与因果流向

　　从统计的本质看，实际测量的数据是某种随机变量的概率值。从观测到的数值来推断其背后随机变量的分布，这在统计上叫作估计，或统计估计。例如从某个总体的随机抽样推断总体分布特征。再进一步说，我们可以认为总体也是从一定的随机变量中生成的数据。重现概率生成数据背后的过程，便是统计估计的工作。

统计量和估计量，数据的函数

通过能观察到的数据来重现无法直接观测到的数据生成过程，因此被重现的数据生成过程就是能被观察的数据的函数。

我们在第 2 章中有关众数的内容中已经介绍过，一般将数据的函数称为统计量。因为数据是随机变量，所以统计量也是随机变量。

具体而言，在用数据均值来估计数据生成过程的真实概率分布的均值中，用于估计的统计量叫作估计量。另外，因为估计量是作为数据函数的随机变量，所以会产生它的观测值。这个观测值也叫估计值。

什么情况下应该用怎样的估计量，这在数学上没有唯一定论，相关的说法有很多。其中最常用的是下面要介绍的无偏估计量和最大似然估计量。

无偏估计，既不夸大也不低估

假设给定某数据生成过程，我们把概率分布的某些特征，如分布均值的真值，称为参数。若要进行估算，需要用到估计量，如数据的均值。因为估计量是随机变量，所以可以算出期望值。当期望值等于被估计的参数真值时，我们将这样的估计量称为无偏估计量。

例题 1

假设从 1 号到 n 号共有 n 根竹签，抽出一根并记下它的序号。仅从这一份记录试着对 n 进行无偏估计。

答案和解析

数据生成过程，即赋予真值 n 时，数据的概率分布是从 1 号到 n 号竹签的概率分别各是 $1/n$。其期望值是（$n+1$）÷2。因此，用 x 表示数据，用（$n+1$）÷2=x 解出 $n=2x-1$。这里的 $2x-1$ 就是 n 的无偏估计量。

这种无偏估计的思考方法因其定义简洁而使用方便，是使用比较多的估计法之一，但是也有一些缺点，其中最大的缺点是随着变量的变化，无偏估计量也会发生变化。比如在前面竹签的例子中，将变量 m 代替 n 进行无偏估计，对只有 $n=1$ 时为单数（$m=1$），$n \geqslant 2$ 时为复数（$m=2$）。因为只改变了变量，所以计算刚刚 n 的无偏估计量 $2x-1$，当 $x=1$ 时是 1（单数），当 $x \geqslant 2$ 时为 2（复数），我以为这是无偏估计，但实际并非如此。例如真参数 $n=m=2$ 时，x 是 1 还是 2 的概率各占一半，所以这个估计量 1（单数）和 2（复数）的概率各占一半，期望值为 1.5，和真参数值不一致。

首先若 $n=m=1$，那么 $x=1$ 的概率为 1（也就是概率为 100%），所以当 $x=1$ 时，m 的无偏估计量必须为 1。也就是说，当 $n=m=2$ 时，若 $x=2$，m 的无偏估计量为 3 时，无偏估计量的均值与 2 一致。

以下关于 $n=3$，$n=4$，……（均保持 $m=2$）也是同理推进，那么 m 的无偏估计量是：当 $x=1$ 时为 1；当 $x=2$ 时为 3；当 $x \geqslant 3$ 时为 2。实在是很奇怪的估计量，但从定义上说，这就是无偏估计。

像这样，在无偏估计中，有一个缺点是它只能通过期望值来定义。举一个稍微烦琐的例子，在概率各占一半的 $2x-101$ 或 $2x+99$ 这样的估计量，在定义上也满足 n 的无偏估计。比如假设 $x=30$，那么 $2x-101=-41$，所以作为 n 的估计值意思不清。

最大似然估计，最具说服力的估计

给定数据的生成过程，据此求数据的发生概率。反过来看这个概率，当给定数据时，我们可以用来假设该数据生成过程的可能性。

在统计中，我们将这个概率，称为该数据生成过程的似然度。以观察到的数据为基础，估计似然度最大的数据的生成过程叫作最大似然估计。

例题 2

模仿前面的例题，从 1 号到 n 号共 n 根竹签中抽出一根，根据这根竹签的编号 x 来估计 n 的最大似然度。

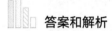 **答案和解析**

给定数据生成过程的真值 n 时，数据的概率分布是从 1 号开始到 n 号结束，其概率分别为 $1/n$。观察到抽出竹签的编号为 x 时，大于 x 的 n 的似然度为 $1/n$，小于 x 的 n 的似然度当然为 0。因此 n 的最大似然估计值为 x。

与无偏估计相比，最大似然估计的优点是不容易受到变量改变的影响，它主要的缺点正如其名字所表示的，会有些偏离。用竹签的例子来说，如果已知真值 n，则最大似然估计值（按概率 1）总是小于或等于 n，也就是 n 的估计值会被单方面低估。

精确的点估计和存在范围限制的区间估计

正如我们在前文中提到的竹签例子那样，赋予一个单一估计值的估计叫作点估计。与此相对，具有一定范围的估计叫作区间估计，这个区间叫作置信区间。

置信区间通常根据似然度达到一定程度的范围来设定。用在前文中提到的竹签例子来说，数据小于等于 x 的概率为 $x \div n$，所

以将其看作观察到 x 时的 n 的似然度。例如似然度大于 10%，就说明 n 在 x 到 $10x$ 之间，这个区间是 x 被观察到时 n 的 90% 置信区间，90% 就是置信度。

如果用 99% 置信度来进行区间估计，那么置信区间是从 x 到 $100x$ 间的范围。像这样提高置信度后，置信区间也将扩大，估计精度也随之下降。

例题 3

假设在过去 10 年间，预报降水概率为 20% 的共计 387 天，但实际降水仅为 59 天。请根据该数据，求降水概率 20% 时，实际会降水的天数占比 90% 置信度的区间估计。

答案和解析

这是在引言热身题中曾初步提到的例题。这时运用到的概率分布在统计上被称为二项分布，将每次试验的中签率看作 q，中签次数的均值是 nq，方差是 $nq(1-q)$，那么标准偏差是 $\sqrt{nq(1-q)}$，根据第 4 章中介绍的中心极限定理逐渐

（随着 n 增大）接近正态分布。

所谓的 90% 置信区间，表示寻找似然度单侧各 5% 的 q。正态分布的单侧各 5% 的点（也叫双侧 10% 的点）等于均值 ± 1.645 标准偏差。在例题中 $n=387$，所以满足条件的 q 是

$$387q \pm 1.645\sqrt{387q(1-q)} = 59 。$$

即 $q \approx 0.125$ 和 $q \approx 0.185$，求出 90% 的置信区间为 $0.125 \leqslant q \leqslant 0.185$。

如果假设是 98% 的置信区间，单侧各 1% 点（双侧 2% 点）等于均值 ±2.33 标准偏差，所以置信区间的两端是

$$387q \pm 2.33\sqrt{387q(1-q)} = 59 。$$

即置信区间为 $0.115 \leqslant q \leqslant 0.200$。

还原数据生成过程的结构估计，
只进行预测的预测估计

根据观察到的数据，直接还原数据生成过程的做法叫作结构

估计。与之相对，不去追溯数据生成过程本身，而是通过观察同一数据生成过程中派生出的其他事件和随机变量的关系，来间接推断数据生成过程的特征的做法叫作预测估计。

用天气预报的例子来说，追究决定降水概率的真实原因的为结构估计，但并不是任何时候都可以确定真实原因。因此，更实用的是，捕捉那些可能与难以确定的真正原因相关联的其他因素，如天气预报中的前天和大前天的天气低气压、锋面等的近日动态等因素。将这些因素作为数据生成过程的所谓代理变量或近似值的做法就是预测估计。

换句话说，两者区别就是直接估计结构参数，即规定数据生成过程的参数，还是在不确定结构参数本身的情况下，估计与数据生成相关的其他因素特点。

结构估计和预测估计各有利弊，结构估计并非更胜一筹。当要追究数据生成过程本身时，少不了结构估计；但如果我们目的仅仅是预测的话，那就没必要拘泥于结构估计了。

练习
一下

第一题　请找出下述 1～5 题中表述错误的地方。

1. 若降水概率预报是无偏估计，那么当预报降水概率为 30% 时，实际当天降水的可能性有三成。

2. 无偏估计未必使命中率最大化。例如某参数真值的概率分别是 10 或 12，无偏估计量为 11，命中率为 0。该问题答案应该是最大似然估计将命中率最大化。

3. 真参数值在 80% 置信区间外的概率高达 20%，但在 99% 置信区间外的概率非常低，只有 1%。

4. 观察到学生的数学成绩和英语成绩间呈强正相关。但这只是事实相关，尚不明确二者之间具体哪科对哪科产生影响，因此无法从一科成绩推断另一科成绩。例如某学生数学成绩很好，但据此推断其英语成绩也好是不具有合理性的。

5. 观察到学生的数学成绩和英语成绩间呈强正相关。但这只是事实相关，尚不明确二者之间具体哪科对哪科产生因果关系而影响其方向性，但至少在数学上能证实因果关系的存在。

第二题　惯用手和惯用腿之间成正相关，假如右撇子的人中有 60% 惯用右腿、40% 惯用左腿；反之左撇子的人中 60% 惯用左腿、40% 惯用右腿。但总人口中

80% 的人都是右撇子。这时看到一个惯用左腿的人，请计算这个人是左撇子的最大似然估计。

提示：根据定义，最大似然估计并不是命中率最高的估计。

第三题 有一个试验，当测出概率是 φ 时判定为失败，概率为 $1-\varphi$ 时判定为成功，试验失败之前反复进行，将连续成功的次数记为 x。已知成功与失败之间没有序列相关。此时请将 φ 的无偏估计量用 x 的函数表示。

第四题 下列 1～5 题中，可以被称为无偏估计的是哪个？可以被称为是最大似然估计的是哪个？

1. 一个真值为 7 的数值（如每星期的天数），那么它被估计为 6 或 8 的概率是 1/2。

2. 已知数学能力偏差值是均值为 50、标准偏差为 10 的正态分布。但并不能准确测算每次数学考试中的数学能力真值，数学能力真值为 x 的学生的考试成绩遵循均值为 x、标准偏差为 5 的正态分布。此时将得分为 z 的学生的数学成绩能力的真值通过方差分析，用这两种信息的方差倒数比来加权。

$$\frac{\left(\frac{1}{5^2}\right)z+\left(\frac{1}{10^2}\right)50}{\left(\frac{1}{5^2}\right)+\left(\frac{1}{10^2}\right)}=0.8z+10$$

这种加权并进行估计的方法在统计上被称为信号提取（signal extraction）。

3. 在第 2 小题中，仅用考试成绩 z 来估计数学能力真值。

4. 在第 2 小题中，不考虑考试成绩将数学能力真值估计为 50。

5. 概率真值分布为不确定的随机变量，直接使用测量相对频数的方法来估计概率分布。例如抽签 12 次，抽到大吉、中吉、小吉各一次，小凶 2 次，中凶 3 次，大凶 4 次，那么推算抽到大吉、中吉、小吉的概率均为 1/12，小凶、中凶、大凶的概率分别为 1/6、1/4 和 1/3。

第五题 取♀或♂的值作为估计二进制变量的估计量，那么可认为♀或♂的值为二进制函数。这个函数值（估计值）是♀时，变量的真值是♀的条件概率大于 50%，估计值是♂时，变量的真值是♂的条件概率大于 50%。我们能说这个函数是原随机变量的最大似然估计量吗？

第 6 章

检验，根据数据判断
假设的真伪

检验　　　　　　从子代（数据）来追溯亲代（生成过程）的方法是第 5
章介绍的统计估计，本章将介绍的统计检验与之类似。若说
二者有什么不同，那就是估计没有先入为主，而是从观察到
的数据归纳推断它的生成过程；而检验则更进一步，先假定
具体的数据生成过程，然后演绎判断与实际观测到的数据是
否一致。

零假设与备择假设，无罪推定原理

我在前面已经说过，在统计检验时要先假定数据生成过程，这个预先建立的假设叫作零假设，也称虚无假设。和我们日常直觉有些冲突的是，这个假设实际上是我们想否定的假设。这也是零假设名字的由来。

大家可以联想一下刑法疑罪从无的原则，这里的零假设就是被告无罪。被告有嫌疑但假定其无罪也不会有明显矛盾，因为没有确凿证据证明其有罪，在这种情况下无罪的零假设被接受。

如果可以证明零假设是正确的，即判定无罪会有一些矛盾时，我们拒绝零假设，判定其有罪。在 DNA 签定证明时经常有"嫌疑人不是某某人的概率为十万分之一"的表述。这就是说，如果罪犯是某某人，那当前的嫌疑人无罪的话，这个嫌疑人成为真罪犯的可能性仅是因其与某某人拥有近乎相同 DNA。当这个可能性足够低时，应拒绝零假设。

　　统计检验上的零假设，一般是指无法直接观察数据生成过程的特殊概率分布或者概率分布满足某些特定性质，等等。在更加实用、具体的情况下，这个概率分布的均值或方差（也叫参数）等是取某个值或在某范围内的假设是零假设，它的补集也就是不取该值或不包含在该范围内，这样的假设叫作备择假设。

　　实际应用中很重要的一点是检验一个自变量是否具有说服力，即是否对因变量有影响。将因变量回归到自变量，这个回归系数（的真值）是 0 则为零假设，不是 0 则为备择假设。如果可以否定这个零假设，也就是判定回归系数（的真值）若是 0 则不合适，那么这个自变量是有意义（有影响力）的。

> **提示**
> 　　具有统计意义表示这个自变量的影响并非为0。而不是说影响的绝对值很大。即便对影响的绝对值进行点估计时得到很大的数值，即如果有影响且影响程度不可忽视，但因为估计精度太低，所以也不能排除真值是 0 的可能性。在下列情况中易出现这种有关估计精度的问题。

1.样本数不够。一般样本越多，估计精度越高，所以极端地说，不管是多么脱离常识或明显不可能发生的零假设，也可能因为样本数不够多而无法拒绝。

2.多元回归（包含多个自变量的回归方程）中自变量间相关性高的时候，很难确定是哪个变量在起作用，因此估计精度也会下降，该情况就是多重共线性。

此外，两个变量的分布是否相同，均值和方差是否相等，它们的检验在实际应用中也很重要。这时两个变量分布或参数相同的话就是零假设，不同的话则是备择假设。这种情况也和前面所说的相同，不在于差值的绝对值大小，哪怕差值很小，这个差值是否存在才是是否具有统计意义的标准。

单边检验与双边检验，从检验目的出发

检验某参数值是 $\geq$ 或 $\leq$ 某数值形式的零假设为单边检验。与此相对，检验参数值特定为 1 的零假设为双边检验。理论上说，使用的方法是根据检验目的来决定的。即零假设拒绝域为均等的

两部分，两侧出现问题的可能性相同时，适合用双边检验。而若只怀疑某一侧的拒绝域或认为出现的问题只偏向某一侧时，可以用单边检验。

在实际应用中，双边检验比较稳妥的情况占绝大多数。例如在某回归分析中，零假设"回归系数（的真值）=0"且备择假设"回归系数（的真值）≠0"，我们一开始想要用双边检验来检验这个自变量是否具有什么影响。但是若想进行检验，首先必须试着从数据估计（点估计）出回归系数。这时估计值一定为正或负。我们先假设该值为正。这时的检验中，我们最关心的已经不再是单纯的自变量是否具有影响，而是是否具有正的影响。如果我们验证具有正的影响，那么便自动证明其不具有负的影响。因此，最贴近我们需求的便是这种单边检验，即零假设"回归系数（的真值）≤0"且备择假设"回归系数的真值>0"。

若有其他特殊目的，可以不把备择假设作为零假设的补集，只是单纯把这两个假设分别（相互背离，即两者不能同时为真）以竞争形式来进行检验。我们一般基于数据，通过对比两个假设的似然度来进行这种检验。

显著性水平，真假的相似程度

在进行检验时，先假定零假设是正确的，然后估计结果的概率分布。在该分布中，验证实际观察到的数据处在哪个位置。如果实际观察到的数据是在分布的中央区域且概率密度高的地方，则零假设被接受的概率比较大；若数据分布在外侧或两端且概率密度小的地方，则零假设被拒绝的概率比较小。

假如这个概率分布是正态分布，要检验其（两边）10% 的位置，那么数据在正态分布的中央 90%，即均值 ±1.645 标准偏差的范围内，则零假设被接受；若分布在单侧各 5% 的位置，则零假设被拒绝。

因此，即使是同一数据、同一零假设，只要将显著性水平从 20% → 50% → 99% 不断提高，那么不出意外零假设都会被拒绝；反过来，若将显著性水平从 0.1% → 0.01%（万分之一）→亿分之一→十亿分之一不断缩小，那么零假设总会被接受。刚好区分拒绝和接受的显著性水平，也就是给定数据时的零假设的似然度，即统计中所说的 p 值。

在过去 10 年中，预报降水概率是 20% 的共有 387 天，其中实际降水的仅有 59 天。能否说 387 天中的 59 天的概率约为 15% 明显低于 20%？

答案和解析

本例题是继引言和第 5 章后第三次出现并引申。其中，零假设是不低于 20%，备择假设是低于 20%。

用这个例子来说，我们要独立进行 387 次真正中签率为 20% 的试验，求中签次数的概率分布，确认其中的 59 次处于怎样的位置。因为第 5 章介绍过的二项分布，则还是假设每次试验的中签率为 q，试验次数为 n 的话，中签次数渐近均值 nq，方差为 $nq(1-q)$，标准偏差为 $\sqrt{nq(1-q)}$，则这个分布逐渐接近正态分布（n 越多越接近）。

当把 $n=387$，$q=0.2$ 代入后，得到均值为 77.4 次，标准偏差约为 7.87 次。59 次仅比均值低大约 2.338 标准偏差。

根据正态分布表，比均值 −2.33 标准偏差还要靠下的概率约为 1%，所以这个例题显著性水平（单边）为 1%，拒

绝零假设，即降水概率显著低于 20%（如果是双边检验，
则说显著性水平为 2%，降水概率并非 20%）。

与第 5 章的区间估计的不同之处，一方面体现在统计检验是
假定在零假设下的概率分布。另一方面，在计算估计区间时，一
边改变参数的值，如例题中每次中签率和预报降水率，一边计算
实测数值的似然度，把它超过一定水准（置信度的补集，即 1－
置信度）的范围视为估计区间。和检验进行对比，它是以备择假
设而非零假设为根据计算概率分布，这是因为估计时原本就不会
设定零假设。话虽如此，正如我们从例题中得知的那样，无论用
哪个假设来计算结果都不会相差太多，所以实际应用中也可以用
更容易计算的一方来近似替代。比如用数据单纯进行计算假设
$q = \dfrac{59}{387}$，均值 $nq = 59$，标准偏差 $\sqrt{nq(1-q)} \approx 7.071\,4$ 的正态分
布的单边 1%（双边 2%）点是 59±2.33×7.071 4＝42.523 6，由此
可判断 75.476 4 在 98% 的置信区间的两侧，$0.2n = 77.4$ 不属于该
区间，所以拒绝零假设。这样的思考方式在统计上严格来说并不
正确，但实际应用中可以粗略地作为一种近似的参考。

如果用这种近似做法，那么我们需要考虑零假设是否包含在
从数据计算得出的置信区间，如果在置信区间内，则接受零假
设，如果在置信区间外，则拒绝零假设。此时的显著性水平是
区间估计的置信度的补集。因显著性水平为 5% 拒绝零假设，或

简称 5% 显著性，那就表明这个零假设在基于数据计算出的 95%
置信区间之外。

第一类错误与第二类错误，
决策的风险 vs. 检验力

换句话说，所谓显著性水平，是指无论零假设正确与否，都
能从数据中算出拒绝概率。这发生在数据出现极端值的时候。这
种拒绝正确的零假设的情况，在统计上被称为第一类错误。

与此相反，把错误的零假设误认为正确而接受的情况叫作第
二类错误。最容易出现的是正确参数紧贴在零假设旁边，换句话
说就是，零假设是错误的可能性非常小的情况。接受它的概率基
本相当于显著性水平的补集。如果显著性水平为 5%，那么拒绝
无限接近真值（但严格上来说并非真值）的零假设的概率约为
5%，因此第二类错误出现的概率大致为 95%。

随着零假设逐渐远离真值，拒绝它的概率也会提高，第二类
错误出现的概率会下降。当给定零假设和显著性水平时，检验力
就是用参数真值的函数表示拒绝率。特别是当零假设与参数真值
一致时，检验力与显著性水平相同。

从上述内容我们可知，若想降低第一类错误而降低显著性水平的话，则检验力会下降，第二类错误出现的概率将增高，二者总是处于这样相互妥协的关系中。显著性水平的设定在数学上没有固定要求，这需要根据检验目来合理设置。

检验统计量，检验证据的强度

我们通常把数据的函数统称为统计量，特别是把数据和零假设的函数称为检验统计量。

以从同一概率分布中独立记录到的有限次概率值为基础，检验有关分布平均的假设是 t 检验，这时的 t 值就是检验统计量。在二项检验和一般的回归系数的显著性检验中最常用的就是 t 检验，t 检验的名字源于检验统计量 t 值呈现的 t 分布。数据越大，这个 t 分布就越接近于正态分布，但严格来说，这是修正数据有限性的结果，比起正态分布，t 分布的两尾更厚更长。

另外，在零假设下实测数据的似然度 p 值也是检验统计量之一。当 p 值低于显著性水平，我们拒绝零假设。近年来逐渐提倡用还原科学本来姿态的方法，即尽量控制将显著性水平任意定在 $1\% \sim 5\%$ 之间，标出仅依据数据和零假设得出的 p 值，而这个数值是否有意义交由读者判定。

我们可以这样理解检验的规则，若检验统计量包含在一定集合内，则拒绝零假设，这样的集合叫作拒绝域。因为根据定义，检验统计量是观测值和零假设的函数，所以，如果给定零假设和检验时用到的显著性水平，拒绝域也可以看作是观测值的集合。显著性水平越低，拒绝域就越小。

练习
一下

第一题　请找出下述 1～5 题中表述错误的地方。

1. 用一句话来概括显著性水平，就是拒绝错误零假设的概率。

2. 例如因显著性水平为 5% 而被拒绝的零假设实际是正确的（第一类错误）概率，不一定是 5%。意思是指这个概率最大不超过 5%，可能是 4%，也可能无限接近于 0。

3. 扔一次拖鞋，出现了正面（鞋面的那一面）。但对扔拖鞋时出现正面的真实概率，无论设定了怎样的零假设，仅从一次的观测结果来看都是无法拒绝该假设的。

4. 在某年大学入学成绩中，应届高中生和复读生之间的均值是否存在显著差异？这样的假设检验是无意义的，这种假设的设定在统计上是错误的。因为入学成绩记录了全部考生的数据，记录了真均值，所以应届考生和复读考生之间是否存在差异的事实已经得到确定了，不可能成为假设检验的对象。

5. 在一般 t 检验时，会用到实测的估计值和零假设的差值是估计标准偏差（标准误差）几倍的值（t 值），因此回归方程的误差项呈正态分布是检验成立的必要条件。误差项的分布不呈正态分布或不明确是否为正态分布时，这种检验没有意义。

第二题 扔 8 次硬币，若出现了 7 次正面则拒绝假设，请对此进行检验。

1. 请将检验力（也可以看作 p 值）用出现正面的真实概率 h 的函数来表示。

2. 当零假设是"出现正面的真实概率低于 1/2"时，请计算该检验的显著性水平。

3. 请设定零假设，使这个检验的显著性水平达到 5%。

第三题 在调查某学期东京大学本科生的文化课成绩时，女生约 600 人的平均成绩比男生约 3000 人的平均成绩高约 3 分，该课程成绩满分为 100 分。这个差值在统计上是否具有显著性？

提示：当然，每个人成绩不同，但若每个人的成绩为学习

能力的真实水平 + 观测误差（考试当天的运气或身体状况等），且每个人的误差项之间相互独立，那么如果知道当误差项的标准偏差为多少时，就能通过 p 值的变化推算出显著性水平的程度。

第四题 有两个国家分别是 I 和 J，I 国约有 26 万人口，J 国约有 1.3 亿人口。以来自两国的共 1000 人为对象进行随机调查，比较两国居民在生活习惯、健康状态、智力水平、学习能力、犯罪倾向等方面的特征。请问采用下述哪个方法比较合适？

（a）按人口比例从 I 国随机抽取 2 人，从 J 国随机抽取 998 人来分别进行随机调查。

（b）不区分国籍，从全部居民中随机抽取 1 000 人，之后再按国籍分别收集数据。

（c）不论国家人口多少，从两国中各随机抽取 500 人。

（d）为了抵消因两国人口数量相差较大带来的影响，按照人口比例倒数，随机从 I 国抽取 998 人，从 J 国抽取 2 人。

（e）考虑到总体的影响，通过人口平方根按比例从 I 国随机抽取 43 人，从 J 国随机抽取 957 人。

第五题 天气预报中有一个特殊日的概念。表示在特定的日期里出现特定的气象状况的频率。比如日本的体育日（10 月 10 日）和文化日（11 月 3 日）多为晴天，而在 9 月 26 日这天多台风等，这些都是基于历史记录，在统计学上具有较强的显著性水平。但这些"魔咒"背后，并没有气象学上的科学解释支撑，仅仅是偶然的一致。可是，如果只是偶然，是否能得出具有显著性水平的结论？如果可以得出这样的结论，那又是依据怎样的缘由呢？

一生受用的

概率统计

第三部分

用概率统计解决现实问题

第 7 章

定量分析，用概率统计描述
社会现象

定量分析　　　　在小学和中学的数学中经常有题目让我们计算概率，但从没有说要怎么去应用这些好不容易算出的概率。我们确实在这方面有些忽视了。

　　在本章中，我们不仅要用实际数据来进行概率和统计的计算，还会介绍如何根据概率和统计的模型来解释现实情况。

数据的总体与抽出的样本

第 2 章介绍的描述统计是将观测数据的性质进行数值化的过程。再进一步，导出实测数据背后的生成过程的说明工作则为定量分析。在说明过程中使用到的模型叫作定量分析模型。描述统计是定量分析的前一阶段，或者从广义上说是定量分析的第一阶段。

从实用的角度来看，定量分析是依据实际观测到的部分数据来推算整体分布的行为。可以说是第 5 章统计估计和第 6 章统计检验的应用篇。此时总体（的分布）是指什么，首先最基本的是数据真正的生成过程。因为从中会生成现实中的全部现象，这就是统计上基本的世界观。这样生成观测值的整体叫作总体。例如全部人类，更准确来说是其特定属性，比如寿命和收入，或是某校学生全员的成绩，这就是总体。

接下来，我们把从总体中抽取出的部分或全部数据称为样本。对总体的全部数据进行实测称为全面调查，只对总体的部分进行实测（狭义上）称为抽样调查，但其实二者之间除了总体的数据所占大小外，并无其他本质上的差异。如何获得可以代表真正分布的实际值，是通过整体数据自然形成，还是通过抽样调查来获得，我们可以先来看看二者有什么不同。

抽样调查是从总体中抽取部分作为狭义的样本，此时一般最常用的是随机抽样的方法。这是一个统计用语，表示没有一定倾向或喜好来选择数据，但与调查对象的属性或随机变量无关的方面不随机也可以。比如日本选举时的民意调查，每次采访都是选择从选举站出来的第 20 个人。在这个方法中，我们认为出现在投票站的人无论是否是 20 的倍数，都与个人的政治思想没有关联，所以尽管这个方法本身很有规律和计划，但并不违反统计上所说的随机的定义。这种方法主要用于因经费短缺，想尽可能缩小样本的情况。

一方面，这种含义下的随机抽样，只有在仅凭单方面观测即可的情况下才适用。我们从出厂产品中按一定比例抽取部分进行质检，自动拍摄经过十字路口的车辆并登记其车型和所属地……在进行这种无须回复的调查时，调查者可以切实地将抽取的对象数值化，所以收集随机样本相对较简单。

另一方面，像采访或问卷调查等狭义的调查中，抽取到的对象未必能回复，也未必能如实回答。再用选举案例中选举站出口的民意调查来说，如果是明显支持某政党的机构来进行这项民意调查，尽管按照前述方法随机抽取，也就是采用的方法虽然无偏颇，但很可能支持该政党的民众回应比较热情，而支持其他政党的民众则选择不回答而直接离去，所以从结果来看会偏向某政党，这样混入倾向性因素的统计很可能就不再具有随机性了。

另外，即使被认为是全面调查的样本，在下面两种含义上也可能存在偏颇。首先，一个不可回避的现实是，我们很难真正收集到所有人的回答。比如尽管以全校学生为调查对象并要求学生必须作答，但也时常会有请假或是粗心漏答等情况，从而导致我们不能收集到完整的回答。因此，虽然声称样本是"全面调查"，但实际上的样本偏向出勤率高且注意力集中的学生。其次，在回收的问卷中也存在错误作答和敷衍回答等无法避免的实际情况。

如果说是全面调查且必须回答的话，一般也无法避免那些不回答、不想回答的人走过场式的作答，特别是不能准确收集那些不想回答的人的信息。所以从这个角度来说，类似问卷调查的统计也会产生偏颇（见图 7-1）。

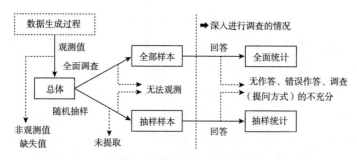

图 7-1　问卷调查统计的偏颇之处

单变量数据分析，探索数据的分布

要想从样本推算真正的分布，大致有两种方法：一个是参数检验，另一个是非参数检验。

参数检验是运用参数的意思。狭义上来说，参数检验并不讨论真实分布形态，而是指根据样本，来推算它的参数（比如真实均值或真实方差等）。实际应用上会更广义，一般我们会事先大致设定真实分布的形态，然后用样本来推算包含在该范围内的均值或方差等参数。

这时会自然而然地有这样的疑问：将样本的参数作为真实参数值直接应用是否妥当？什么情况下可以这样用？

直接提出这样的疑问，看起来是否很像难以理解的哲学问题呢？那么通过下面几个具体例题再认真思考一下吧。

例题 1

> 假如你在某巴士停靠站等了 3 次车，用时分别为 8 分钟、2 分钟、1 分钟。据此是否可以得出"在事先不知道公汽时刻表的情况下到停靠站，等待巴士所需的时间平均是 3 分钟 40 秒"的结论呢？

为了让题目简单化，我们假定该巴士按照相等的时间间隔正常发车。那么发车间隔至少为 8 分钟。若非如此，就和等了 8 分钟这个事实相矛盾。

答案和解析

假设发车间隔为 8 分钟。那么等车的平均时间为 4 分钟（等待时间的概率分布是 0～8 分钟的均匀分布）。也就是说，平均等待时间最少也需要 4 分钟，所以样本均值的 3 分钟 40 秒不确切。

那么真实的均值应该比样本均值的 3 分钟 40 秒长多少才比较准确呢？这里按照第 5 章介绍的那样，我们一般会用到以下两种思考方法。

一个是最大似然估计。当发车间隔为 8 分钟时，3 次等车时间为 8 分钟、2 分钟、1 分钟的概率（准确说是概率密度）是多少？若发车间隔时间为 9 分钟、10 分钟呢？……这样思考的话，我们便可知概率（密度）最大的发车间隔是 8 分钟的时候，这个概率（密度）就是 8 分钟、2 分钟、1 分钟实际发车间隔的似然度。因为这个似然度最大的发车间隔为 8 分钟，所以此时等待时间的均值（期望值）4 分钟就是平均等待时间的最大似然估计值。

另一个是无偏估计。这个计算会有些难度，觉得理解困难的读者可以跳过。为了满足求知欲强的读者，我在此对算法进行一下概括。若发车间隔为 T，那么 3 次试验（这里指等待时间）全都在 x 以下的概率为 $\left(\dfrac{x}{T}\right)^3$，这 3 次试验中出现最大 x 的概率密度是把先前的概率用 x 微分的 $\dfrac{3x^2}{T^3}$ 表示。这时求 x 的期望值为：

$$\int_{x=0}^{T} \left(\frac{3x^2}{T^3}\right) x dx = \left[\frac{3x^4}{4T^3}\right]_{x=0}^{x=T} = \frac{3T}{4}$$

这就成了 T 的函数。但是这里的 T 是无法仅从过去经验中观测到的。这里将观测到的等待时间最大值 X 看作与期望值相等，即 $X=\frac{3T}{4}$，解出 T，则 $T=\frac{4x}{3}$。这是发车间隔的无偏估计量。发车间隔表示为 $\frac{4x}{3}$ 的话，3 次等车时间最大值的均值刚好是 X。在例题 1 中，若最大值为 8 分钟，则发车间隔的无偏估计值（无偏估计量的观测值）是它的 $\frac{4}{3}$ 倍，即 10 分 40 秒。平均等待时间为无偏估计量的一半，即 5 分 20 秒。

> **提示**
>
> 例题 1 的情况，最大似然法和无偏估计法都仅根据实际最长等待时间（8 分钟）以及试验次数（3 次）来求估计量。而不依据最大值之外的实际值（2 分钟、1 分钟）或样本均值（3 分钟 40 秒）等数据。这时我们说仅仅最大值和试验次数便构成充分统计量。

例题 2

　　有的日本人以前会用丢出鞋子的正反面的方式来占卜。假设扔鞋子 10 次，出现正面（鞋面）6 次，出现反面（鞋底）4 次。那么扔鞋子时出现正面的概率应该如何计算？

答案和解析

　　当真实概率为 p 时，按正面 6 次、背面 4 次的顺序出现的概率为 $p^6(1-p)^4$，若不按顺序则其概率为 $C_{10}^4 p^6(1-p)^4$，p 最大为 0.6，这就是最大似然估计。

　　而真实概率 p 是扔鞋子 10 次，出现正面的期望次数为 $10p$，将其与实际值的 6 次置换后，可以得出 $p=0.6$。这就是无偏估计。

　　在例题 2 中，最大似然估计和无偏估计都可以直接用样本均值作为估计量。

> **提示**
>
> 因为例题 2 的情况是推算正面、反面这两个变量值的分布，因此仅推算均值的参数检验和接下来要说的非参数检验结果一致，即一一对应。这里的样本参数可以直接作为最大似然估计量。

参数检验的特点是需要推算特定参数。即特定参数的信息特别明确的情况时才适合用参数检验。而非参数检验不注重具体参数，而是直接推算总体的分布形态。

一般来说，推算分布时的最大似然估计量由样本分布本身决定。像例题 2 那样推算离散量或定性（类别）变量时，若离散方式和类别方式明确的话则没什么问题，但也有可能是类别方式可以改变的情况，这时推算的结果则会受其影响。

例题 3

金、银两名学生参加了同一科目的考试。从以往的成绩中我们得知，在该科目上金和银的正确率分别为 80%、70%。考试结束后，两人在核对答案时，发现他们对某题的回答相同，请计算此时两个人的答案为正确的概率。

▮▮▮ 答案和解析

　　首先，当我们不明确考试具体形式时，先简单按回答正确、回答错误这个二元变量来试着推算。核对答案的事前概率为金、银二人根据平时情况都回答正确的概率是 80%×70%＝56%，金回答正确、银回答错误的概率是 80×30%＝24%，反之金回答错误、银回答正确的概率是 20%×70%＝14%，金、银二人都回答错误的概率是 20% × 30%＝6%。关于核对答案的结果，排除一人正确一人错误的情况，则要么二人都正确，要么二人均回答错误，此时二人均回答正确的事后概率为 56%÷（56%＋6%）≈90.3%。

　　但如果这个考试题有 3 个选项，关于两个错误选项没有特别说明时，金的回答正确概率为 80%，错选其余两个选项的概率各为 10%；银回答正确概率为 70%，回答错误概率各为 15%。此时，事前概率中二人均回答正确的概率为56%，二人错选甲的概率为 10%×15%＝1.5%，二人"错选乙"的概率也同样为 10%×15%＝1.5%，二人均回答正确的事后概率为 56%÷（56%＋1.5%＋1.5%）≈94.9%。

　　也就是说在该例题中，根据是否将错误回答这个类别进行细分，推算的结果也不同。若将答案选项从 3 个增加到 4 个、10 个甚至 100 个……随着选项不断增多，二人均选择正确的事后概率也不断上升，最后将无限接近于 1。

在推算连续量时，类别方式的问题更需要重视。若想用样本分布，只要样本是有限的（当然实际上所有样本都是有限的），那么它的实际分布肯定是离散的，也就是正的概率会集中在非连续值的附近，尽管落在这些数值之间的值无论在理论上还是实际中都有可能出现，但其概率依然为 0。因为这样做不便于分析，所以一般把样本内的每个实际值不认为是点，而是看作分布在该值附近的均匀狭长条块，我们经常使用这种跳跃分布的方法来做分析（见图 7-2）。

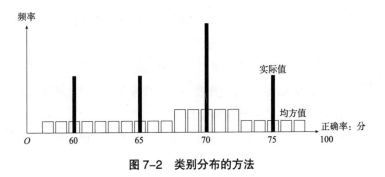

图 7-2　类别分布的方法

时间序列预测，发现未来趋势

我们在前面介绍过，一般的单变量数据与时间序列的区别是后者更注重顺序。

······ **例题 4** ······

调查某公司股价在过去 20 个交易日的收盘价，发现股价在连续 12 天下跌后，接连 8 天持续上涨。问今天收盘价高于昨天收盘价的概率是多少？

答案和解析

　　这是一道典型的时间序列题。如果不将其看作时间序列，而只看作普通单变量数据的话，那仅需记录过去 20 个交易日中 8 涨 12 跌，所以和前面例题 2 相同，最大似然估计和无偏估计的实际分布都一样，即今天收盘价比昨天高的概率为 2/5，低的概率为 3/5。

　　但这道题和前面例题 2 的不同之处在于，扔出去的鞋子的正反面不受上一次结果影响，所以与上次、上上次的结果无关，每次的结果都是按照一定的概率分布的。而与此不同的是，股市上人们的行为会受到过去值的影响。这种每次结果（的概率分布）受最近过去的结果影响的情况，在概率论和统计上被称为序列相关（见图 7-3）。

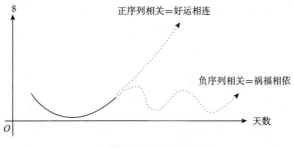

图 7–3　序列相关

　　用例题来说，大致可有两种思考方式。一种思考方式是认为最近 8 个交易日的股价连续上涨比之前更远的连续 12 个交易日下跌更为重要。这样可能保持与最近过去相同的趋势时，我们称作正序列相关。

　　另一种思考方式是认为既然目前一直持续上涨，那么也快到下跌的时候了。这样认为的周期性的情况叫作负序列相关，而扔鞋子看正反面这样的情况并不涉及正负序列相关。

　　正如序列相关这个名字想表达的这样，它是指每次的结果受第 n 次前（后）的结果影响的关系。我们回溯到过去的数据，通过推算或估计，从而得到时间序列的预测。

　　这个 n 值越大，序列相关性就越弱，当 n 达到一定值以上不再出现明显的序列相关时就称为（进行交易的人们）无记忆性。这样的时序广义上可以称为马尔可夫过程。其中当记忆长度为 1，也就是序列相关仅受前一个数值影响，与前两个及更久远的数值无关的情况，称为狭义的马尔可夫性质。反之，随着 n 值变大序列相关性也不会减弱的情况，叫作有记忆性。

这里值得注意的是，序列相关与记忆等概念是依据什么来规定的。从例题中股价的涨跌来看，如果用股价的绝对价格水平来重新审视，则有如下规律：如果股票的涨跌之间不存在序列相关，那么相当于股价的绝对价格水平具有无限记忆性；反之，如果绝对股价与序列无关，也就是当天的股价总是遵从一定的分布，与前一天、大前天的股价无关，那么股价的涨跌存在强负序列相关。

此时哪怕实际进行交易的人们记忆力相同，但选择不同，是选用与股价涨跌相关的流量变量，还是选用与绝对股价相关的存量变量，作为统计意义上的记忆的长短、强弱便会出现差异。

另外，我们可以大体上将存量变量的变化部分与流量变量画等号。例如，余额是存量的话，那么收支就是流量；位置是存量的话，那么速度就是流量；速度是存量的话，那么加速度就是流量。

回归分析法，从多元变量数据找出变量间的关系

多元变量数据也可能像单变量数据那样，有时需要推算联合分布，有时需要用时间序列来预测未来。

用多元变量推算联合分布与用单变量推算有很大的不同，用多元变量可以推算变量间的相关和回归等关系。相关与回归各有各的优缺点。相关的优点是可以对等处理两个变量，但基本上只能处理两个变量之间的关系。回归是将一个或多个因变量作为其他自变量的函数来进行推算，这是一种非对称的概念，其函数形式如果呈线性结构则称为线性回归，非线性结构则称为非线性回归等，但也可以同时处理 3 个及以上自变量。其中，运用多个自变量的回归叫作多元回归。

回归特别有助于将未观测到或不是观测值的一个变量值作为其他变量的函数来进行推算，但它也仅是作为推算的一个方法，并非一定需要假设变量间的因果关系。此时回归的自变量并不一定作为原因表示独立变量，也可能只是一个能够观察的变量。因变量并不一定只是作为结果的从属变量，也可能是刚好没观测到的变量。

　　另外所谓的可观测性，也经常和政策、人为有意介入或操纵的可能性互为表里。由此很容易认为，如果自变量因为某些因素的介入而被人为进行了变动，则因变量也可能会被影响。但其实这种情况仅存在于自变量与因变量间存在真正因果关系时，这时的回归叫作结构估计，不存在因果关系的情况下叫作预测估计。

　　即使存在真实因果关系，如果这个因果是双方向的，则单纯地运行回归会混入反方向的因果，即自变量的一部分受到因变量相反影响的部分也会混入，因此无法正确推算因果关系大小。这就产生了内生性偏误及联立性偏误等现象。同理，将多个自变量相互说明形成联立方程形式的回归方程进行直接计算的话，会产生推算的误差。这种情况下的误差被称为联立方程的偏误。

　　一般多元变量的时间序列和单变量的时间序列相同，最常用的都是用观测到的最近过去值来推算将来的数值。特别是在多元变量中，不仅可以参考同一变量的过去值，也可以参考其他变量的过去值信息，可用的数据很丰富。但此时若变量 X 受变量 Y 的过去值影响，变量 Y 受变量 X 的过去值影响，与上述的联立方程的情况相类似，会受到双方向的影响，即使存在结构因果关系，在进行推算时也会产生偏差。反过来说，为了确定可能的因果方向，确认不存在双方向的因果关系，经常使用这个滞后效应来观察变量间的影响关系。

但是，不能因为变量 Y 和变量 X 的过去值存在相关，就假设存在"变量 X 到变量 Y 的因果关系"。因为可能存在对两个变量都产生影响的第三个变量，它仅仅是对 X 的影响早于对 Y 的影响。

练习
一下

第一题　请找出下列 1～5 题表述错误的地方。

1. 样本最好是随机抽取。因此，记录每天同一时间的气温、湿度等气象条件，或记录每年同一天股价、利息、汇率等经济数据的所谓定点观测，虽然比较简便，但它有一个致命的缺陷，即都是非随机抽取。

2. 样本所能代表的总体精确度与总体本身的大小关系不大，而取决于样本所占总体的比例。

3. 我们在天气预报中经常听到与往年气温持平的表述，这里的气温是指过去一定期间内（10 年、30 年等）同月同日的气温均值。

4. 与往年持平的气温是将往年的同一月日看作一个时间序列，用其趋势（随时代发展气温变暖的倾向等）来推算出的最近未来的数值。

5. 对不同时间前后的多个变量进行回归分析时，必须将时间在前的变量作为自变量，时间在后的变量作为因变量。

第二题 请问下述 1 ～ 10 题的样本中，分别存在怎样的偏颇？

1. 民意调查或社会调查（上门问卷、邮寄问卷、网络调查、街头采访等方式）。

2. 个人收入所得数据。

3. 选举（可以将投票结果看作从全体选民自发抽取的样本）。

4. 人口普查（虽然对外说是全面普查……）。

5. 询问顾客是否喜欢特定商品的顾客满意度调查。

6. 询问顾客是否希望大楼全面禁烟的顾客意向调查。

7. 课程评价（在大学等机构中学生对老师的评分）。

8. 比较左撇子和右撇子的寿命。

9. 比较吸烟者和非吸烟者的寿命。

10. 关于参加街头游行和市民运动等活动的人数，发起方发布的数据和警察公布的数据往往有很大差距。其中发起方考虑到的因素是，为了展示活动的成功而多说人数；而警方为社会治安而愿意少报人数。除此之外还有什么原因？

第三题 在一场以预测多数考生在正式考试时的成绩分布为目的的模拟考试中，满分 100 分，参加考试的 10 名考生的成绩分别是 25 分、30 分、40 分、45 分、

55 分（2 人）、65 分、70 分、80 分（2 人）。
在模考中共有 20 道题，每道题 5 分。正式考试共
有 100 道题，每道题 1 分，所以直接用模考的成绩
来预测的话，成绩不是 5 的倍数的部分就都是空白。
而且参加模拟考试的人数很少，只有 10 人，如果
直接用这个结果，生成的分布就会有间隔，不完整。

下面有几种思考方法。请用多种方法预测正式考试的成绩分布，
并思考最有说服力的是哪种。

1. 将 10 个观测值分别看作实际分数 ±2 分范围的均匀分布。例
   如把观测值为 70 分位置上 10%（表示 10 人中有 1 人）的概率
   看作 68 分、69 分、70 分、71 分、72 分每个分数各 2%。

2. 将各观测值看作实际分数 ±12 分范围内的均匀分布。例如将
   观测值 70 分看作 58～82 分区间内各占 0.4%。

3. 将各观测值看作实际分数 ±19 分范围的三角形分布。例如若
   观测值为 70 分，则两端的概率分布情况是：70 分为 0.5%，
   69 分和 71 分各为 0.475%，68 分和 72 分各为 0.45%……越
   趋向两端概率越低，最两端的 51 分和 89 分的概率各为 0.025%。

第四题　时间上先发生的现象能够说明后面发生的现象，这
种结构比反过来说要更自然，实例很多。但也有特
殊的时候，那就是后面发生的现象更接近原因，前
面的事物更接近结果，这种情况比较少但也并非不
存在。请思考这样的例子有哪些。

提示：经常会用后面偶然发生的现象来推断无法直接观测到的前面先发生现象的情况。比如调查案件、历史、考古学、古生物学等基本上都属于这种情况。不过本题中想探讨的不仅仅是单纯的推断，而是想找出后面的事物和前面的事物呈因果关系的例子。

第五题 在天气预报和股价预测等情况中，我们是否可以经常说命中率高的推断就是好的推断呢？在统计的推断中，有什么比"准确预测"更重要的目的吗？

提示：每天都基本原封不动地说"明天的天气和今天大致相同"，这样基本也可能有大概 2/3 的准确率，但我们是否因此就可以断定不需要更科学的预报？类似的例子，还有关于审判的目的是什么等。仅仅确定真正的犯人，并加以相适应的量刑即可，还是说有什么其他重要的目的？

第 8 章

决策理论，用概率统计来行动

决策理论　　到目前为止，我们探讨了运用概率统计的知识可以考虑哪方面的问题。具体来说，我们介绍了如何运用概率统计来分析、了解、推断和检验假设。

在本章中，我将更进一步和大家探讨运用概率统计的思维做些什么，如何决策，以及选择何种方式行动。当然，想要真正论述这些，仅靠本书一两章的内容是远远不够的，因此接下来我将精选一些最基础、最直观、最容易理解的内容来为本书画上一个圆满的句号。

两种思考语言：展开型 vs. 常规型

我们在日常生活中是如何进行决策的？颇具讽刺意味的是，由于过于注重决策本身，反而不记得做决策的方法，并且这种情况时有发生。

做决策的方法可大致分为展开型和常规型两个体系。让我们用大家所熟知的例子来看一看吧（见图 8-1），判断从点 S 到点 G 的最短路径有几条？

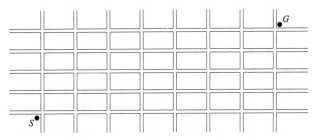

图 8-1　从点 S 到点 G 的最短路径有几条

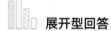

展开型回答

从点 S 出发到各交叉点的路径数量可以用它右边（东边）相邻的交叉点的路径数量与上边（北边）相邻的交叉点的路径数量之和来计算（见图 8-2a）。

同理，各交叉点出发到 G 的最短路径数也可以看作点 G 左边（西边）相邻的交叉点到 G 的路径数量与从下边（南边）相邻的交叉点到 G 的路径数量之和来计算（见图 8-2b）。

1	5	15	35	70	126	210	(330)		1	1	1	1	1	1	1	G
1	4	10	20	35	56	84	120		8	7	6	5	4	3	2	1
1	3	6	10	15	21		36		36	28	21	15	10	6	3	1
1	2	3	4	5	6		7	8		120	84	56	35	20	10	4	1
S	1	1	1	1	1	1	1		(330)	210	126	70	35	15	5	1
		(a)										(b)				

图 8-2 例题分析

常规型回答

最短路径由行进方向朝向北的 4 条线段＋朝向东的 7 条线段，共 11 条线段组合而成。每一条完整走向终点的最短路径都可以用 11 个文字来表示，将其中朝向北的 4 条线段定为北，朝向东的 7 条线段定为东。因此可以通过如下公式计算出来：

$$_{11}C_4 = \frac{11 \times 10 \times 9 \times 8}{4 \times 3 \times 2 \times 1} = 330 \text{ 个}$$

正如例题这样，所谓展开型，是指每到各交叉点后决定向北还是向东行进（或者可以反过来考虑，是从西边来的，还是从南边来的）这样依次的决策。而常规型则是将全部行程看成一个整体来进行决策。

我们在日常生活中有时会直接比较这两个决策方法，比如在查旅行路线时用到的搜索路线。当只是输入起点和终点后一起搜索时，出现的搜索结果比较接近常规型，也就是会出现几十个甚至几百条路线列表。当然这里出现的搜索结果尽管从搜索算法角度来看是结果，但对于作决策的使用方来说，这是问题的开始。要从这些路线中选出最合适的，不亚于解答该问题。

而若从终点开始搜索到最后的换乘站，再逐步搜索可以到该换乘站的站点，这样一步步来搜索的话虽然会比较费事，但每个阶段的路线（航行数量）都是有限的。这就是展开型的问题。

正如大家从实际经验中所知道的那样，这两个方法各有利弊。如果行程较长较复杂，需要多次换乘，那么展开型就相应会多花些时间。而如果想用常规型，就必须一一查看比较这几十条或几百条结果，而且只要换乘数量多增加一次，结果数量就会爆发式增长许多。

使用树状图的展开型决策

在进行展开型决策时我们会用到树状图。所谓树状图，是指从一点出发，向多个终点展开，仿佛大树的枝杈一样。特别是在进行展开型决策时所用到的树状图，需要具备以下几个特点。

- 包括起点在内，各节点表示一个有待做出的决策或受某种随机作用的外部影响。
- 终点处分别表示可预测到的结果。在实际应用时，为了将图变得更小、更简洁，经常只记入对结果的评价，也就是决策者角度的满意度（也叫效用、效益等），而并非对全部结果进行说明。
- 每个节点及连接点与终点之间的树枝的方向必须是从起点到终点的单行线，一般用箭头标识。所以同一个点不可能经过两次。这在一定程度上反映了假设的合理性，即一旦作出决策，就不可能忘记并在以后重新再做，也不会忘记之前受到过的外部影响。

- 从起点到各节点的路径必须只有一条，没有不能到达的节点（考虑这样的点意义不大）。同时，一旦路径分支，那么之后不可能重新回归到同一点。我们可以说即使最终结果相似，但如果途中的路径不同，它们就会被看作不同的结果（从这个角度来说，前文中的街道最短路径图并不符合树状图的要求）。

所谓运用树状图进行的决策，是指在每个决策点上选出一个方案。从一个决策点上发出的多个分支（箭头）中选择概率为 1 的方案是特定方案，而混合方案是在多个分支间确定概率分布，并据此采取相应行动。特定方案在广义上也属于混合方案。

在树状图中全部的决策点上确定了选择的方案后，即为策略。用数学语言来理解策略，则是将全部的决策点集合看作定义域、方案是值域的函数。全部方案都是特定方案的策略有个专门的名称叫作纯策略。

那么，由混合方案组成的策略就是混合策略吧，这种想法不能说是错误的。但是决策论的主流说法，更倾向于混合策略决定了纯策略的概率分布，而不是概率的选择决定了各决策点发出的一条条分支。

抽象的理论可能难以理解，下面我将用简单的例子来进行说明。

例题 1

某公司普通员工参加晋升管理层的考试。

问题 A：当你成为管理层后，是否会要求女下属给你倒茶？

问题 B：当你成为管理层后，是否会要求男下属给你倒茶？

该考试形式为口述（面试），共有上述两道题目按 A，B 顺序出，需要对每道题目用"是"或"否"来回答。

1. 共有多少种可能的结果？

2. 请画出树状图，累计纯策略共有多少种？

答案和解析

很明显，结果共有 A 是 B 是、A 是 B 否、A 否 B 是、A 否 B 否这 4 种情况。但我们能说纯策略也共有这 4 种吗？当我们画出树状图后，可以看出共有 3 个决策点。每个决策点都选择"是"或"否"的纯策略共有 $2^3 = 8$ 种情况。

可能有人会问，明明只有两个问题，为什么需要 3 个决策点。那是因为在回答 B 问题时，应该还记得之前回答 A 问题的答案。

假设对回答的评价如下。

A 否 B 否 = 回答正确，成功升入管理层（+1 分）。

A 是 B 否或 A 否 B 是 = 性别歧视者，开除（−1 分）。

A 是 B 是 = 不晋升，依然为普通员工（0 分）。

那么将这些评价写入终端点后可以形成图 8-3 的树状图。

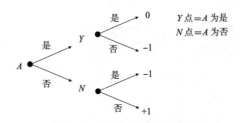

图 8-3　序列决策问题的树状图

可以从距离终点最近的决策点开始依次追溯，来求出在每个决策点上最适合的方案。这种解法叫作向后数学归纳法或后向归纳法。

用本例题来说，接近终点的是 Y 点和 N 点，所以我们应该先找出在这两点上的最适合方案。

在 Y 点（对问题 A 回答"是"之后的问题 B）上的"是"结果为 0。

在 N 点（对问题 A 回答"否"之后的问题 B）上的"否"结果为 1。对它正确预测后回到问题 A，我们可知此时在 A 点（对问题 A 的回答）是"否"的结果为 1，是最优的。因此可得最优策略为"A 否 Y 是 N 否"。

但因为本题中二选一的决策点有 3 个，所以纯策略有 $2^3=8$ 个，每一个都分别产生如下结果。

① A 是 Y 是 $\underline{N$ 是}$\rightarrow$ 0 分。

② A 是 Y 是 $\underline{N$ 否}$\rightarrow$ 0 分。

③ A 是 Y 否 $\underline{N$ 是}$\rightarrow -1$ 分。

④ A 是 Y 否 $\underline{N$ 否}$\rightarrow -1$ 分。

⑤ A 否 $\underline{Y$ 是}N 是 $\rightarrow -1$ 分。

⑥ A 否 $\underline{Y$ 是}N 否 $\rightarrow +1$ 分。

⑦ A 否 $\underline{Y$ 否}N 是 $\rightarrow -1$ 分。

⑧ A 否 $\underline{Y$ 否}N 否 $\rightarrow +1$ 分。

注意：横线处是没被选择的决策。

我们在先前判断策略⑥是最优策略，但现在知道其实策略⑧也会产生相同结果。策略⑥和策略⑧唯一的区别就是，为了在第一题中选择否，所以用到了实际并不会遇到的决策点 Y 来选择的手段。这种本不会经过的路径叫作不均衡路径或非均衡路径等。

这个非均衡路径的选择就是上述列举的 8 个策略及结果中画横线处。无论策略⑥还是策略⑧，如果在问题 A 中本想回答"否"，却不小心说错成了"是"的话，那么在问题 B 中的挽救方法属于危机管理，请思考非均衡路径与危机管理的区别之处。

如果在策略⑥中灵机一动，干脆把问题 B 也回答为

"是"，那将不得不告别晋升，但至少还能保住工作。可在策略⑧中，如果拘泥于正确答案"A 否 B 否"。忽视了 A 已经回答错误这个重要信息，对问题 B 回答为"否"的话，那只能落得被开除的悲惨下场。

> **提示**
>
> 　　如果这里不是面试（口述）而是笔试中，同时有两个问题，将两个问题的答案写到一张纸上提交的话，其构造不再是先确定对 A 的回答，再提出问题 B，因此这时无论树状图，还是（纯）策略集合都会完全不同（见图 8-4）。

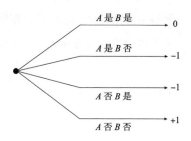

图 8-4　同时决策问题

这时最适合的标准大致可分为两类。

　　一类是比较宽松的标准，即只要最终能达到最优结果的都算作最优决策。这时选择相同路径（均衡路径），能得到相同结果，不作为非均衡路径来看待，所以上个例题中的策略⑥和策略⑧都可以看作最优决策。

　　进一步说，用任意概率来选择策略⑥和策略⑧的混合策略也是最优策略。此时将变成，在均衡路径上的 A 点和 N 点都用同一概率来选择"否"，只在非均衡的 Y 点上随机选择"是"或"否"。决策论的主流说到底就是"从最初的策略⑥和策略⑧中随机选择"，所以即使更加有顺序地解释为"只有当到达 Y 点后，才随机选择"，结果也不会改变。

　　另一类是在更加严格的标准里，必须在全部的决策点中选择最适合的方案。而例题中满足这个标准的只有策略⑥这一个。为了特别强调这点，人们也会将其称为序列最优策略。

　　接下来我们先暂时告别决策的问题，考虑用树状图表达外在偶然力量的影响。

例题 2

假设所有人群中有 80% 是右撇子，20% 是左撇子。右撇子的人群中有 60% 惯用右腿，40% 惯用左腿；反之左撇子的人群中有 60% 惯用左腿，40% 惯用右腿。

请思考在惯用左腿的人群中，右撇子的占比为多少？

答案和解析

惯用左腿的人群中：

右撇子：$\dfrac{0.8 \times 0.4}{0.8 \times 0.4 + 0.2 \times 0.6} = \dfrac{8}{11}$，

左撇子：$\dfrac{0.2 \times 0.6}{0.8 \times 0.4 + 0.2 \times 0.6} = \dfrac{3}{11}$，

自然状态下的概率决策见图 8-5。

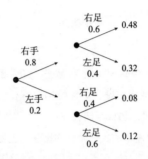

图 8-5　自然状态下的概率决策

　　在第 5 章的"练习一下"中的第二题里，我们将惯用手看作参数而非随机变量，根据其真值通过概率确定惯用腿。那么如果转换思考方式，将惯用手、惯用腿都看作随机变量，它们之间存在相关。如果是右撇子，惯用右腿的条件概率为 60%；如果是左撇子，惯用左腿的条件概率为 60%。现在逆转一下条件，像例题 2 那样，在惯用左腿的人群中，左撇子的条件概率则是 3/11。

运用策略的常规型决策

　　无论是否画树状图，我们都可以将全部的（纯）策略列出，并预测它们每一个的结果及带来的好处。这里我们将采用可实现效益最大化的策略，这就是常规型决策。因为将目光聚集在策略（的集合），所以常规型也被称为策略型。

当存在多个最优纯策略时，对它们随机进行选择的混合策略就相当于最优策略。例如在前面的本章例题 1 中，将两个最优纯策略⑥和⑧随机混合后，还是能选出最合适的那一个，这样的混合策略性质虽然不是顺序最优（策略⑧不是顺序最优），但在常规型决策中可以对此忽略不计。

在常规型决策中特别常用的是博弈论中所说的均衡（纳什均衡）思考方式。在决策论中所说的博弈是一个环境条件的统称，在这个环境条件里有很多决策者，每个人的决策都会影响其他参与者的效益或效用。这里所说的纳什均衡的概念是指每个人以其他参加者的策略选择为前提来探寻自我利益最大化的策略，即表示相互选择最优策略。

··· 例题 3 ···

♀、♂ 两人是朋友，约在某地铁站见面。但这个地铁站检票口位于很深的地下，从地下到地面只能通过一条很长的扶梯。两个人忘记事先约好是在地上还是地下见面，就直接前往目的地，而且站点附近信号不好，手机打不通。

1. 假设两人都认为各自所在的地上或地下是正确等待地点，所以一动不动等在原地。请找出此时每个人的纯策略集合，并据此求出均衡。

2. 假设♀等在原地（地上或地下），♂去寻找对方而去地上和地下确认。请问此时每个人的纯策略集合与均衡会变成怎样？

3. 此题中扶梯的升降分别经过不同的通道，所以如果两个人同时去对方的方向找对方会彼此错过。现在，分别位于地上和地下的两个人各有两个纯策略，分别是寻找对方（动）和不找对方（不动），请确定采用每种策略时的均衡。

答案和解析

1. 每个人都选择地下或地上两个纯策略中的一个。将其用策略型博弈表示后如图 8-6a 所示。作为参考，图 8-6b 是同样情况，用展开型博弈（树状图）的形式来说明。得分标准是两个人能见到对方时，每个人得分为 1，错过了而没有见到对方时得分为 0。同时，在展开型中，将多个决策点相连接的箱子（也有用虚线等网状来表示）叫作信息集合，表示决策者不知道同一信息集合内存在哪些决策点。

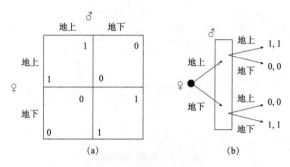

图 8-6　例题 3 分析一

此时的纳什均衡,除了"地上、地上"(表示两个人均在地上)和"地下、地下"这两个纯策略均衡外,还有每个人在地上或地下分别为一半概率选择的混合策略均衡,共有 3 种情况。为什么此时会有混合策略均衡,是因为对于每个人来说,对方选择地上或地下的概率各占一半,不管每个人在地上还是在地下等待,预期成效均为 1/2 不变。所以,我们随机选择,预期成效也依然是 1/2。因此各占一半概率选择地上或地下(在某种意义上来说)也是最优策略之一。

2. ♂一边确认对方♀在哪里,一边走动。此时的♂根据♀在地上还是地下而改变自己所在位置,因此共有 2×2=4 种纯策略(见图 8-7)。此时的均衡的集合相当复杂。

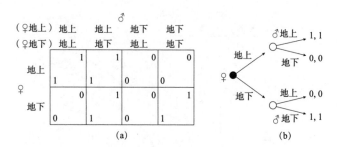

图 8-7 例题 3 分析二

　　首先，♂选择"地上、地下"（如果♀在地上，♂去地上，如果♀在地下，♂去地下）的话，无论对方♀在哪里都构成均衡。当然♀可以随机选择在地上还是地下。

　　其次，♀在地上等待，无论♂选择"地上、地上"（无论♀在哪里，♂都一直在地上等待）还是"地上、地下"也都构成均衡。随机对这两种情况进行选择也构成均衡。同理，当♀在地下等待，无论♂选择"地下、地下"（无论♀在哪里，♂都一直在地下等待）还是"地上、地下"，对二者随机选择也都是均衡。

　　3. 回到上一步，找还是不找的决策情景（见图 8-8）。

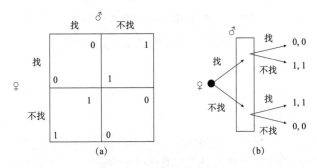

图 8-8　例题 3 分析三

　　此时的均衡共有 3 种。纯策略均衡两个，分别是"找、不找"和"不找、找"（均为一个人原地不动，另一个寻找对方），混合战略均衡1个，即每个人均有一半概率选择"找"或"不找"。

合理决策，在不确定性中寻找最佳路径

决策论的主流观点大致是建立在以下基础之上的。

　　问题的结构：我们对未被明确定义的问题是无法开始决策的。仅仅是模糊的不知做什么的疑惑类型的问题不能成为统计上的决策问题。你需要知道有哪些选项？是属于树状图的形式还是策略的集合等，所以明确需要决策的问题是首要条件。

在日常生活中，可能经常会遇到这样的事情：当把问题解决了一半后，发现了之前没想到的新选项。但这种情况不在决策论的主流讨论范围内。

目标函数：所谓决策，是对各个可能实现的结果分布进行其优劣、好坏的比较，并从中选出最能够达到理想结果的那个。像这样把对结果评判的方法可以看作是一个函数，可能的结果的集合是定义域，评判的分数是值域。这就是目标函数。所以决策问题是将这个目标函数进行最大化的问题。

比起目标函数本身具体的函数形式，我们更应该注重的是可以定义目标函数的评价方法，这也是更合理的。用日常较为通俗的语言可以如下表述：

1. 有两个结果甲和乙，那么可能是甲更合适，或乙更合适，又或是都很合适。不能出现无法比较的情况（也称为普遍性原理，就是需要保证可以相互比较，是具有普遍性的）。
2. 有3个结果甲、乙、丙，不可能出现乙优于甲，丙优于乙，甲优于丙这样的循环。换句话说，如果乙优于甲，丙优于乙，那么甲就不可能优于丙（也被称为推移律等）。
3. 与甲相比，若乙优于甲，则"更低概率甲，更高概率乙"优于"更高概率甲，更低概率乙"（也被称为单调性）。
4. 与甲相比，若乙优于甲，无论怎样的结果都有丙和正概率 φ

时，"概率 φ 的乙，概率 $1-\varphi$ 的丙"优于"概率 φ 的甲，概率 $1-\varphi$ 的丙"（和上一项的单调性相似，但会特别称之为独立性或置换律等）。

信息处理：假设决策人的计算力和记忆力都是完美的。此时不会发生计算错误，也不会忘记已经采取的方案或发生过的概率事件等。若据此解释得更为实用，就是在评价结果时可以事先计算这些费用，这就是合理性的假设。

这样来看，我们在考虑决策合理性的基础上，问题的提出方式和解答的方法是互为表里的。能够提出可以解答的问题，换句话说，就是将现实中的决策场景转换成易于用决策理论解答的形式，这一过程被称为建模。如果操作成功，那么问题也完成了一半。因此，建模成为应用科学分析概率统计的关键。

练习
一下

第一题　请找出下列 1 ～ 5 题表述错误的地方。

1. 无论用展开型还是常规型来决策，得到的结果都是相同的。

2. 即使最终结果相同，只要中途过程不同，那么在决策论的大原则中会认为这两个结果是不同的。因此纯策略的数量就是不同结果的数量。

3. 一般最优性和序列最优性之间并不是包含与被包含关系。有的策略不满足一般最优性但有可能满足序列最优性，反之有的策略，不满足序列最优性，但满足一般最优性。

4. 一般来说混合策略不可能是序列最优。

5. 有多个最优纯策略时，其中至少有一个是序列最优。

   提示：此题略难。如果不明白可以参照后面的第四题。

第二题 在一条旅途中会经过两个十字路口。在第一个路口有左转、直行、右转 3 种选择，在第二个路口也有同样的 3 种选择。

1. 共有多少种路径的选择？
2. 纯策略路径有多少条？

第三题 某政治家的事务所以奇怪的面试方法而著称。负责面试的秘书会依次出现在求职者的面前，对他们说"欢迎你今天来到我们的事务所。请你按自己的喜好伸出左手或右手，和我握手吧"，然后和他们握手。如果求职者伸出了左手，则面试结束。如果伸出了右手，则换下一位秘书出现，做同样的握手请求。负责的秘书共 4 人，如果面试者和这 4 位秘书都用右手握手，最终政治家本人会出现，但政治家有个癖好是无论和谁讲话都喜欢把右手插兜，只能用左手握手，所以面试到此只能结束。而我们所关心的面试结果与求职者的经验、技能、资格、水平等都没有关系，握手的人数（次数）是奇数则通过，偶数则不通过。我们假定求职者都希望面试通过。

1. 纯策略有几种？
2. 最优纯策略有几种？
3. 序列最优策略有几种？

第四题 请举出一个不存在最优策略的决策问题。

提示：在已经学习过决策论和博弈论等理论的读者中，不少人可能会以为一定应该有最优策略这样的存在证明。但这个存在证明需要有一定的前提条件来支撑。本题的主旨是请思考不满足这个前提条件的问题设定。

第五题 说到民主决策，众所周知 "少数服从多数"。
当问到"头脑聪明的人和头脑笨拙的人，哪一方人数会比较多"时，大部分人会回答"当然是头脑笨拙的人更多"。但民主决策经常会用"少数服从多数"。为什么不是"多数服从少数"呢？为解开这个谜题，让我们思考下列情况。

考试结束后，从考场出来了两名学生金和银。两人约定好不聊考试，然后一起去食堂吃饭。但两人在吃饭时，隔壁桌的其他学生正在激烈讨论刚刚结束的同一考试。当他们聊到一个单选题时产生了分歧，说什么的都有。听到这里金忍不住了，于是打破约定（并不是故意显摆……）说，那道题的答案肯定是××啊。对此，银也表示赞同。

1. 虽然不知道这个单选题的内容和形式，但假设过去成绩中金的正确率约为 80%，银约为 70%。请计算该单选题中，金、银答对的概率（事后正确概率）。

2. 如果金、银过去成绩不好，金的正确率大约只有 40%、银只有 30%，那么该单选题中两人回答正确的概率是多少？

3. 若金、银的过去成绩正确率和第 2 问相同，而单选题为 5 选 1，此时两人回答正确的概率是多少？

用概率统计培养人们的洞察力

在本书篇幅有限的情况下，如书名所言，我向大家介绍了对"从摇篮到坟墓"的一生中受用的概率统计中的最基础的知识。在日常生活中，我们并未过多留意的概率统计原来竟然隐藏着这样一个深邃的世界，你是否有一种"平常却不平凡"的感觉呢？

另外，也许会让部分人有些失望的一点是，本书的真正目的并非补充学校知识、提高成绩、进入更好的学校、得到更好的工作或者使事业有成、生意兴隆，而是希望大家能够活学活用，通过本书所讲的概率统计，再次发现自己平时未曾留意的或到目前为止未曾涉猎的领域，从而自我反省，以及给自己一次对其他事物重新审视的机会。

概率统计作为一个理科的知识内容，现在的大部分学校把它纳入数学的教学范围，但它并不枯燥乏味。在很多人的心目中，理科的数学是只研究"物"的学问，实际上这种现象确实不少，但概率统计也可以说是数学中特别"重视人情味的可直观理解的学问"。

回顾过去，人类与其所研究的对象之间不可分割的关系并不仅局限于概率统计，而是深植于科学的本质当中。所谓科学，其自身并非在自然界中自然生成的，而是作为一个研究对象，通过被描述才得以存在。概率统计将这个事实以一种易于理解的方式告诉我们，即这些看起来很机械的科学知识，其实与人类的思维方式密不可分。

而我们通过熟练掌握概率统计，在面对其他领域的事物时，也会积极思索它对于我们的意义，以及如何提高我们观察事物的能力。换句话说，科学的本质并不一定局限于物的正确性，而是应该思考从中得到怎样的教训。这样的姿态才更具有建设性，是未来进入社会益处良多的学习方式。社会上常用的概率统计很多内容是无法严格测定的，不局限于数值和计算，而重视直观的理解与其中的意义，概率统计可以说是"人脸数学"。通过这本书，如果能和大家一起分享概率统计的趣味，唤起大家哪怕一丁点的思考，那么我写本书的辛劳便得到了十二分的回报。

引 言

热身题 1

　　正如文中说过的这样，降水概率预报的主要目的是预报推测的真实概率，而并非预测天气状况是晴天还是降水的实际值。因此预报"降水概率 20%"的时候下雨了，并不能认为"20% 准确"。

热身题 2

　　正如第 5 章例题 2 中算出的那样，从该数据中导出真正降水概率的 90% 置信区间为 12.5% ~ 18.5%，同样的 98% 置信区间内最多也为 11.5% ~ 20%，两个都低于真实概率 20%（90% 置信区间大致为双侧 10%、单侧 5% 检验，98% 置信区间大致为双侧 2%、单侧 1% 检验。）

热身题 3

　　所谓的预报偏颇在统计上不是指无偏估计（可参考第 5 章）。无偏估计是指"真实概率为 20% 时，预报平均数为 20%"，而不是指"预报为 20% 时，真实概率均值为 20%"。真实概率为 20% 时，这种情况是不能直接被观测到的，用天气预报的实际数据来验证无偏性在实际操作上较难实现。

热身题 4

　　阅读本书的大部分读者都会理性地认为彩票"会让自己吃亏，所以不会买"

吧。这种想法本身绝没有什么不好的地方，但就以什么样的标准来评判是否受损的问题上，需要更深入地思考，我会在后面阐述。

热身题 5

在买彩票的人群中，肯定有人没有计算或者不知道如何计算中奖概率，但应该不是所有人都这样。卖出的彩票数和中奖数量都会公布，中奖概率本身是很明显的，而且哪怕不去计算，看到彩票上印着的"公益金为……"的等各项费用文字后，也会立刻想到"彩票站的收益 = 购买者的损失"这回事。

热身题 6

和上一题的彩票相同，保险也应该是"保险公司的收益 = 客户的损失"。

尽管如此，本书的读者当中应该还是会有不少人（而且是自愿）参保。也就是说，无论彩票还是保险，比起真心相信自己会发财而去买的人，更多的人觉得哪怕蒙受金钱损失（或者应该说付费）也没关系，我就是想买这个服务。而说到这个服务，中奖和发生事故基本一样，简单来说就是"当出现了概率很低的情况时，能收到一大笔钱"的服务。

热身题 7

在体检时大部分的数据不正常，这是因为各个检查项目的结果超出 90% ~ 95% 的大多数人的结果范围。反过来说，即使是一个健康状况良好的接受体检的人，每 10 ~ 20 个检查项目中也有一个是数据异常的。随着年龄增长，体检项目增多，数据异常的概率也随之增大，这是不言而喻的，并不一定表示由于年龄的增长导致身体健康状况下降。

热身题 8

正如文中所解释的那样，真正随机生成的数列满足随机数的必要条件的概率反而无限接近于 0。

热身题 9

从总量上来说，大部分伤亡事故可能发生在飞行中，这点没错，但若按时间、距离来看，飞机在机场内滑行的时间比在空中飞行时间要短得多，因此在这个短时间、短距离内，伤亡事故的 1/3 就显得比较多。

因此，对于不喜欢安全带，一分钟也不想多系安全带的人来说，应该在平均每分钟伤亡事故更低的地方松开或解开安全带。从这个角度上来说，在飞机飞行时松开安全带，在着陆滑行时重新系好安全带可能更安全。机舱内广播没有说错。

注：飞机事故发生在地面（机场内）和空中的比例因地区、时间、收集方法等不同而有区别，因此不能一概而论。而本例题着重倾向于"按时间、距离计算发生事故的概率，地面（机场内）发生事故的概率相对要高得多"，仅在这种计算方法上，本例题观点是正确的。

第 1 章

第一题

1. 条形图和带状图（除去一些极个别特殊画法外）一般都是平面的。条形和带状的宽幅是固定的，因此长度和面积也是相同的。作为参考，带状图是将饼状图画成了带状，将整体长度设为 1（100%），各部分在整体中占比的大小，用在带状中所占的相对长度来表示。

2. 柱状图表示分布密度，折线图表示变化。二者目的明显不同，因此无论哪种混用都是错误的。

3. 只要存在倾斜，那么就和角度关系不大。因为只要改变横纵轴的刻度，即使是相同的分布，图上的角度也会轻易改变。

4. 一般来说，无法从边缘分布推算联合分布。统计上所说的因子分析，不是联合分布的推测和复原，而是计算各个自变量的参与度。

5. 时间是一维的，因此无须担心表示时序变化的图形会变成多维的面状图形。将两个变量分别作为横轴、纵轴，可以把它们在平面上运动的轨迹（折线形）绘制成时序变化的形式，这在实用中也是可行的。

第二题

1. 最有帮助的是（c）柱状图，它可以直接比较不同年龄段的人口密度。特别是在这个问题中，年龄范围很广，即使假设每个年龄段的人口分布密度大致相同，小孩的人口数量相对较少，而大人的数量则要多得多。将其用（a）条形图来表示虽然不能说错，但意义不是很大。最不合适的是（b），此时数据是单一时段的横截面，也就是在同一时间，居住在同一区域内的不同年龄段的人数。因此各年龄段代表不同的人群，而不是同一群体的时序变化，所以用折线图很明显是不合理的。

2. 实际上每天的发车频次是固定的（每隔 40 分钟）。但如果将各时间段幅度变为（a）1 小时或（c）3 小时的话，由于无法整除，所以各时间段发车数量会参差不齐，容易让人误以为发车频次不同。在本问中，可以整除的（b）两小时是最合适的，无论条形图、折线图还是柱状图。

3. 因为是时序变化，所以（d）折线图最合适。这是第 1 章 "练习一下" 第一题第 5 小题的实例。只是简单地追踪学生的成绩，所以不能用（a）散点图或（b）交叉分析表，而（c）的条形图也不能表现出成绩随时间的变化。

4. 从图示上更易懂的应该是（b）带状图，见图 K1-2-4。将区域内全部人口用长方形表示，首先根据 3 个地区人口比例确定宽度，将它从上开始按照水平方向分成 3 块。之后各地区按照普通的带状图那样，根据不同年龄段人口比例划分。这样就可以比较出哪个地区儿童占比较大、哪个地区老年人占比较大了。第二合适的是（c）饼状图，可以根据不同年龄段人口的比例确定面积，用 3 个饼状图来表示。但缺点是若每个地区的各年龄段人口相差不大，那么从图上很难直接看出差别（但是，在地图上加图表时，反而是饼状图更易懂）。（a）通过条形图很难同时比较不同地区各年龄段的二维数据。（d）这组数据是非时间序列，因此折线图也不合适。

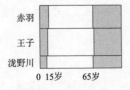

宽度表示各地区在某一时间的人口情况。不同年龄段的人口数量在不同地区的细微差别也能表示出来。

注：这里只是为了说明例题的示意图，并未根据实际情况绘制。

图 K1-2-4　东京都各区人口结构带状图

5. 本题最实用的应该是将两个科目放到横轴和纵轴上，根据每个人成绩绘制折线图，见图 K1-2-5。虽说是折线图，但因为仅观察第一学期和第二学期两次成绩情况，所以绘出的只是简单的线段。如果能将第一学期用白圈，第二学期用黑色实心点表示，那么可以更直观地看出各科目难易程度的趋势。如果每个人成绩变化的线段大多指向相同的话，那就证明难易度趋势是普遍存在的；反之，如果每个人的线段方向不同，那就可能不是客观上难易度变化，而是个人的原因了。

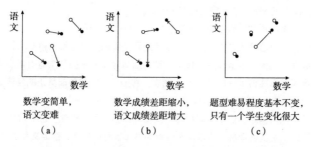

图 K1-2-5　某班第一、二学期成绩追踪折线图

第三题

1. 根据表格，两科成绩在 40 分及以上的有 70 人。其次，一科高于 40 分，另一科在 30～39 分的各 35 人。因此考入欢乐初中的人数最少 70 人，最多 70+35+35=140 人。

2. 两科都在 30～39 分的 20 人，一科高于 40 分另一科在 20～29 分的各 15 人，这两部分肯定会进怀古初中，至少有 20+15+15=50 人。其次，第 1 小题中算出的 "在高于 40 分和 30～39 分之间" 的 35+35=70 人如果没能进入欢乐初中就会进怀古初中。另外 "在 30～39 分和 20～29 分之间" 的 10+10=20 人及 "在高于 40 分和 10～19 分之间" 的 5+5=10 人也有可能进怀古初中。将其全部相加，可知最多为 50+70+20+10=150 人。

3. 不能简单地认为最少是 70+50=120 人，最多是 140+150=290 人。最少的情况是确定能进入欢乐初中的 70 人和进入怀古初中的 50 人，以及确定能进入两个校之一的 70 人，合计共 190 人。最多的情况是加上踩线进入怀古初中的 20+10=30 人，共 220 人。

4. 一般来说是正相关。

5. 两科成绩都优秀的学生进欢乐初中，都不好的学生原本就不能进入欢乐初中，但是可能有一些偏科的学生会进入怀古初中。

第四题

1. 因不是时间序列，所以用折线图不合适。

2. 和 3. 是时间序列，所以用折线图能更清晰地说明问题。

4. 国内生产总值等所说的收入，是为了衡量资金的流动（收入和支出），所以该数据一般会在发放奖金、促销活动、结算等比较多的年末时有走高倾向。如果仅是单纯将 1～12 月绘制成图表，哪怕实际情况并非真正的经济好转，也容易造成一种经济形势向好的假象。

5. 相关是成对概念，也就是观察两个变量间依存关系的概念。它不适合观察 3 个及以上变量的情况，所以需要分别观察比较两科成绩，像语文和数学、英语和数学、语文和英语这样。

第五题

　　我们在解本题时，可以通过极端的例子，这种直观性的思维方法不局限于本题，对解题很有帮助。

1. 当 X 与 Y，Y 和 Z 分别接近完全正相关时，X 与 Z 也会呈现强正相关。

2. 当 X 与 Y 基本为完全正相关，Y 与 Z 基本为完全负相关时，X 与 Z 也会呈现强负相关。

3. 当 X 与 Y，Y 与 Z 分别接近完全负相关时，X 与 Z 呈现强正相关。

4. X（母亲）和 Y（孩子）的长相有一点相似，Y（孩子）与 Z（父亲）的长相也有一点相似，但完全不存在 X（母亲）与 Z（父亲）长相相似的必然性。

5. 当 X 与 Y、Y 与 Z 为弱相关时，无法得知 X 与 Z 是否相关，即相关不明。

第 2 章

第一题

1. 中位数倾向位于平均数和众数之间，这种情况占大多数，但也有个别例外。比如 70 分 3 人、71 分 5 人、72 分 6 人、83 分 1 人，共计 15 人的平均数和众数都是 72 分，但中位数是 71 分。

2. 若想缩小值 ±2 标准偏差内侧的观测值比例，可以考虑用三点分布。即应多收集紧邻均值 ±2 标准偏差外侧的观测值，为使标准偏差保持相对稳定，收集均值处剩余的全部数据。

   此时，我们知道均值 ±2 标准偏差处各集合了 10%，均值处集合了 80% 的数据。均值 ±2 标准偏差范围的观测值占比不能低于这里的 80%。

3. 如果知道平均数的话，可以求出遗漏的一个数据，但通过中位数和众数是无法求出的。

4. 相关是测量单调（即一方变量大时另一方也大，反之则变小）的相互依存关系。若依存关系属于非单调，即使依存关系很明确，其相关也可能是 0。比如变量 X 是从 1～6 的骰子，变量 Y 的概率为 50% 时，存在 $Y=X$ 或 $Y=7-X$ 的情况，此时我们可以看出，Y 的数值强烈依存 X，但相关为 0。

5. 相关是成对概念，衡量的是两个变量间的单调依存关系，因此不能测量 3 个变量间的相关性。

第二题

1. 平均 53.75 分，方差是

$$\frac{15(100-53.75)^2+13(50-53.75)^2+12(0-53.75)^2}{40}=1\,673.437\,5\,,$$

标准偏差是 $\sqrt{1\,673.437\,5}=40.907\,67\cdots$，中位数是位于 40 人最中间（20～21 人）的 50 分，众数是人数最多的 15 人的 100 分。

2. 平均分 72 分，方差为

$$\frac{33(74-72)^2+(73-72)^2+(5-72)^2}{35}=132.057\,142\,8\,,$$

标准偏差为 $\sqrt{132.057\,142\,8} = 11.491\,61\cdots$，中位数和众数都是多数的 74 分。

3. 整体的平均数为 1 千万日元。方差可以用组内方差 + 组间方差来计算。即把全部国民分成无产阶层和有产阶层两部分，无产阶层部分里的方差为 0，有产阶层部分里方差为（4 千万日元）^{2}，用人口比加权计算得到组内方差

$$\frac{3}{4}\times 0 + \frac{1}{4}\times (4\ \text{千万日元})^2 = 4(\text{千万日元})^2,$$

而组间方差是把各部分的平均数与整体平均数的偏差的平方，用人口比加权为

$$\frac{3}{4}\times(0-1\ \text{千万日元})^2 + \frac{1}{4}\times(4\ \text{千万日元}-1\ \text{千万日元})^2 = 3\ (\text{千万日元})^2,$$

整体方差是它们的和，为 7（千万日元）^{2}，标准偏差是 $\sqrt{7}$ 千万日元 $\approx 2\,645$ 万 7 513 日元 11 分，而中位数和众数都是 0。

4. 关于四则运算正确的有 28 人，不正确的有 12 人，所以方差为

$$\frac{28(1-0.7)^2 + 12(0-0.7)^2}{40} = 0.21,$$

标准偏差是它的平方根，为 $0.458\,257\cdots$。中位数、众数正确，为 1。

关于概率和统计正确的有 15 人，不正确的有 25 人，所以平均数是 0.375，方差是

$$\frac{15(1-0.375)^2 + 25(0-0.375)^2}{40} = 0.234\,375,$$

标准偏差是 $0.484\,122\cdots$。中位数、众数不正确，为 0。

协方差为

$$\frac{15(1-0.7)(1-0.375) + 13(1-0.7)(0-0.375) + 12(0-0.7)(0-0.375)}{40} = 0.112\,5,$$

相关系数为

$$\frac{0.112\,5}{\sqrt{0.21\times 0.234\,375}} = 0.50\,709\cdots.$$

5. 语文和数学都是 70 分或 30 分的各 5 人，数学和语文分别为 60 分、40 分的各 15 人，平均分 50 分，方差为

$$\frac{5(70-50)^2+15(60-50)^2+15(40-50)^2+5(30-50)^2}{40}=175，$$

标准偏差为 $\sqrt{175}\approx13.228\ 7\cdots$，中位数是 40 分和 60 分，众数也是 40 分和 60 分。

协方差是

$$\frac{5(70-50)^2+15(60-50)(40-50)+15(40-50)(60-50)+5(30-50)^2}{40}$$
$$=25，$$

相关系数是

$$\frac{25}{\sqrt{175^2}}=\frac{1}{7}.$$

第三题

1. 上限值的一半是中位数，再一半是相对贫困线。在它下方的相对贫困阶层占总人口的 $\frac{1}{4}$。

2. 中位数是 0，所以不存在相对贫困阶层，这个人口比也是 0。相对贫困阶层说到底也是与中位数的比较，当过半人口都处于赤贫阶层，属于绝对贫困时，就可能会失去意义。

3. 中位数位于 90% 的中间层，所以相对贫困阶层与 10% 的赤贫阶层相同。

第四题

1. 洛伦兹曲线呈抛物线，基尼系数是 $\frac{1}{3}$，见图 K2-4a。

2. 洛伦兹曲线从横轴 0.9 的点开始立刻上升为折线，基尼系数为 0.9，见图 K2-4b。

3. 洛伦兹曲线从横轴 0.1 的点开始向斜方上升为折线，基尼系数 0.1，见图 K2-4c。所谓基尼系数相对人来说，更注重收入和资产等物的分配，所以

对于第 2 问中"少数拥有特权的阶层独占财富"的情况严厉批判，而对于第 3 问中"少数阶层的贫穷"的情况相对温和。

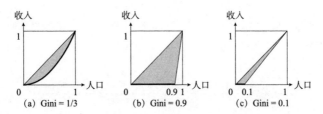

图 K2-4　基尼系数练习解析

第五题

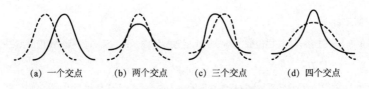

图 K2-5　统计数据的分布形态练习解析

第 3 章

第一题

1. 将基本事件分为正正、正反、反反 3 种情况，这种分法本身是没有错的。但是不能擅自假设这 3 个基本事件概率相等。

一般来说，即使是基本事件，其概率也不一定相同。本题中，相等概率的事件为正正、正反、反正、反反 4 种情况。这里面的正反、反正是两种情况，因为两枚硬币刚好同样形状且大小一样，所以仅从外表应该无法判别。问题中的正反把这两种情况看作一种，所以它的概率为 $\frac{1}{4}+\frac{1}{4}=\frac{1}{2}$。

2. "至少一次 ⊡" 是 "第一次 ⊡" 和 "第二次 ⊡" 的和事件。但是，"和事件的概率 = 概率的和" 的成立条件只局限于原来事件间相反的情况。

准确的计算方法如下：

至少一次 ⊡ 的概率 = 第一次 ⊡ 概率 + 第二次 ⊡ 概率 − 两次都是 ⊡ 的概率

$=\frac{1}{6}+\frac{1}{6}-\frac{1}{36}=\frac{11}{36}$。

3. $_6H_3=\dfrac{6\times7\times8}{1\times2\times3}=56$ 种。

4. 分组的顺序先后不会影响最终的分法，所以不同的分法一共有

$$\frac{C_6^2\times C_4^2\times C_2^2}{3\times2\times1}=15\,\text{种}。$$

5. 例如投两枚硬币 A 和 B，事件 A=A 是正面，事件 B=B 是正面，事件 C= 两枚相同面（均为正面或背面），此时事件 A 和 B，A 和 C，B 和 C 都分别独立，但 3 个事件整体来看的话：

$A\cap B\cap C$ 的概率 $=\dfrac{1}{4}\neq A$ 的概率 $\times B$ 的概率 $\times C$ 的概率 $=\dfrac{1}{8}$，所以并非独立。

第二题

1. （i） $C_{18}^9=\dfrac{18\times17\times16\times15\times14\times13\times12\times11\times10}{9\times8\times7\times6\times5\times4\times3\times2\times1}=48\,620$ 条。

（ii）通过 5×5 周围的路径一定会经过东南角或西北角的交叉点。这些路径分别是：

$$C_9^5\times C_9^4=\frac{9\times8\times7\times6\times5}{5\times4\times3\times2\times1}\times\frac{9\times8\times7\times6}{4\times3\times2\times1}=126^2=15\,876,$$

共计 15 876×2=31 752 条。不通过 5×5 周围的路线有 48 620 − 31 752 = 16 868 条。

2. （i） 7^2=49 个。

（ii） 7^3=343 个三字词语中，同种文字使用 3 次时，只有 7 个铅字因为不够故

无法组成，则剩余可以组成 343 − 7 = 336 个。

（iii）7^4=2 401 个四字词语中，使用同种铅字 4 次的 7 个和同种铅字 3 个的无法组成。后者同种的三字选法有 7 种，每一个剩余 1 个字是 6 种并且这个位置是各 4 种，共计 7×6×4=168 个。能组成的有 2 401 − 7 − 168 = 2 226 个。

3. （i）各硬币有支付或不支付两种情况，共 2^6=64 种支付金额（除去支付金额 0 日元后有 63 种，下同）。

（ii）5 日元以上的 5 枚，分别都是支付或不支付两种，1 日元有支付 2 枚、支付 1 枚、不支付 3 种情况，共 2^5×3=96 种。

　　注：不小心数成 2^7=128 种，就相当于把两个 1 日元硬币区别对待，本题问的是金额，所以不能这样计算。

（iii）500 日元和 1 日元分别各有支付 2 枚、1 枚、不支付 3 种，100 日元和 50 日元合计有 0～300 日元的 7 种，10 日元和 5 日元也一样是 0～30 日元的 7 种，共计 3^2×7^2=441 种。

　　注：若按照和第 2 问相同算法 3^6=729 种，就会把支付 1 枚 100 日元和 2 枚 50 日元区别成两种情况，导致同一支付金额重复。

（iv）如果足够多，哪个金额都可以无须找零足额支付，那就有 3 330 种，如果加上 0 日元的话则有 3 331 种。

4. （i）1×1 的正方形有 9×9=81 个，2×2 的正方形有 8×8=64 个，依次到 9×9 的正方形有 1×1=1 个，共有 9^2+8^2+…+1^2=285 个。

（ii）长方形是用两条竖线和两条横线包围起来的图形。日本象棋盘横线竖线各 10 根，所以

$$C_{10}^{2} {}^{2} = \left(\frac{10 \times 9}{2 \times 1} \right)^2 = 2\ 025 \text{个} 。$$

5. （i）进行质因数分解后 10! = 2^8 × 3^4 × 5^2 × 7，其约数为 2^0，2^1，…，2^8，共 9 个；3^4 的约数为 3^0，3^1，3^2，3^3，3^4，共 5 个，5^2 的约数为 5^0，5^1，5^2，共 3 个；7 的约数为 7^0 和 7^1，共 2 个。所以共 9×5×3×2=270 个约数。

（ii）仅有在质数 6 次方的情况下，才能刚好存在 7 个约数。1 兆 =100^6，因为 100 的质数有 25 个，它的 6 次方是：2^6，3^6，5^6，…，97^6，也有 25 个。

第三题

1. 明天、后天都是晴天的概率为 0.7×0.7=0.49，明天下雨后天晴的概率为 0.3×0.2=0.06，合计 0.49+0.06=0.55。

2. 根据题意可知，后天和大后天都是晴天的概率为 0.55×0.7=0.385，后天下雨和大后天晴的概率为 0.45×0.2=0.09，合计 0.385+0.09=0.475。

3. 可直观认为，过了 3 个月，初期状态（结合本题为今天的天气）的影响基本可以忽略不计。换句话说，可以假定第 91 天是晴天的概率与前一天第 90 天是晴天的概率基本相同。把所求的概率设为 φ，$0.7\varphi + 0.2(1-\varphi) = \varphi$，即 $\varphi = 0.4$。

   注：今天已经是晴天的概率为 1，明天是晴天的概率为 0.7，后天为 0.55，大后天为 0.475，一般来说能看出从今天起的第 n 天后放晴的概率为 $0.4+0.6\times2^{-n}$。因此严格上来说（iii）的回答是 $0.4+0.6\times2^{-91}$，后项小到事实上可以忽略不计。

第四题

不破坏一般性，将最先被选上的顶点看作 6，按顺时针进行 1～5 序号排序，得到的面积有 4 种。

首先，面积最大的是连接顶点的正三角形，面积为 $\dfrac{3\sqrt{3}}{4}$。这种情况只有两种，分别是选择两次不同顺序的 2，4 两个顶点的时候。$2 \to 4$ 的概率为 $\left(\dfrac{1}{6}\right)^2 = \dfrac{1}{36}$，$4 \to 2$ 的概率也是 $\dfrac{1}{36}$，共计为 $\dfrac{1}{18}$ 的概率。

其次，第二大的直角三角形的面积为 $\dfrac{\sqrt{3}}{2}$。之后的两次顺序不同的选择 1 和 3、1 和 4、2 和 3、2 和 5、3 和 4、3 和 5 的情况。与上述内容相同，概率为 $\dfrac{1}{18}$，因此 6 种概率共计为 $\dfrac{1}{18}\times6 = \dfrac{1}{3}$。

最后，相邻的 3 个顶点连接的钝角等腰三角形和面积为 $\dfrac{\sqrt{3}}{4}$。之后两次按不同顺序选择 1 和 2、1 和 5、4 和 5 的任意情况。各概率分别为 $\dfrac{1}{18}$，3 种概率共计为 $\dfrac{1}{18}\times3 = \dfrac{1}{6}$。

其余概率 $\dfrac{4}{9}$ 是相同顶点，不能组成三角形，所以面积为 0。

从以上可以推出，面积的期望值为

$$\frac{3\sqrt{3}}{4}\times\frac{1}{18}+\frac{\sqrt{3}}{2}\times\frac{1}{3}+\frac{\sqrt{3}}{4}\times\frac{1}{6}=\frac{\sqrt{3}}{4} \text{。}$$

第五题

本题的关键是，比对手多赢 20 多次的棋手会获得最终胜利。思考电脑九段获胜的随机得分表，如果把胜负完全反转，可以得出手机八段的分布（反过来也一样）。这样二者互相处于消极的关系里，两个得分表实现概率比总是 $0.51^{20}:0.49^{20}$。

电脑九段的获胜概率为 $\dfrac{0.51^{20}}{0.51^{20}+0.49^{20}}\approx 0.69$。

第 4 章

第一题

1. 因为是复利，则本利和 1.01^{12}=1.126 825…，即年利率约为 12.68%，利息比 12% 还要高。

2. 要想收回下跌 10% 的资金，只上升 10% 是不够的。这样只能收回最初投资的 0.9×1.1=0.99，虽然差得不多，但也没有回本。期数越多效果越明显，本金亏损的概率也会变高。

3. 存在均值靠近无限大的分布。比如柯西分布的上半部分就是这样，根据定义分布的 100% 都在平均数之下。

4. 随机变量之和的平均数是原来随机变量的平均数的和，但只有在协方差是 0，也就是原来的随机变量间不相关时，随机变量和的方差才是原来随机变量的方差的和。一般来说两个随机变量之和的方差是原来变量的方差之和，再加上协方差 2 倍的值。

5. 这也仅限于原来随机变量之间不相关的情况下。

第二题

1. 均值当然是 $\frac{1}{2}$。方差是与 $\frac{1}{2}$ 距离平方的均值，所以方差为

$$\int_{x=0}^{1}\left(x-\frac{1}{2}\right)^{2}dx=\left[\frac{1}{3}\left(x-\frac{1}{2}\right)^{3}\right]_{x=0}^{x=1}=\frac{1}{12},$$

标准偏差是其（正的）平方根，所以为 $\frac{\sqrt{3}}{6}$。

2. $n\left(_{n-1}C_{m-1}\right)(1-x)^{n-m}x^{m-1}=\dfrac{n!(1-x)^{n-m}x^{m-1}}{(n-m)!(m-1)!}$。

3. 期望值为

$$\int_{x=0}^{1}\frac{n!(1-x)^{n-m}x^{m-1}}{(n-m)!(m-1)!}xdx=\frac{m}{n+1}\int_{x=0}^{1}\frac{(n+1)!(1-x)^{n-m}x^{m}}{(n-m)!m!}dx,$$

式子右边的积分，是分别将第 2 小题的概率密度函数的 n 变为 $n+1$，m 变为 $m+1$。也就是 $n+1$ 个观测值中从小开始到第 $m+1$ 个值的概率密度，所以这个积分（总和）为 1。据此求出的期望值是系数的 $\dfrac{m}{n+1}$。

4. 密度函数 $\dfrac{n!(1-x)^{n-m}x^{m-1}}{(n-m)!(m-1)!}$ 中依赖 x 的是 $(1-x)^{n-m}x^{m-1}$ 的部分。这里用 x 微分后，$m=1$（n 个观测值中的最小值）时的一阶微分为 $(1-n)(1-x)^{n-2}$，这在 $0\leqslant x<1$ 的全范围内为负，即概率密度端点 $x=0$ 时最大，之后单调递减。

反之 $m=n$（n 个里的最大值）时一阶微分为 $(m-1)x^{m-2}$，在 $0<x\leqslant1$ 的全范围内为正，所以概率密度是单调递增，当端点 $x=1$ 时为最大。

一般的 $1<m<n$ 时，一阶导函数为

$$(m-n)(1-x)^{n-m-1}x^{m-1}+(m-1)(1-x)^{n-m}x^{m-2},$$

除去两端点的 $x=0$ 和 $x=1$，在中间 $x=\dfrac{m-1}{n-1}$ 处时为 0（叫作一阶条件）。

根据上述可知，当 $x=\dfrac{m-1}{n-1}$ 时概率密度最大。

第三题

如果将采用偏差（距各观测值的距离）绝对值的 p 次方和最小点的方法叫作最小 p 乘法的话，$p=2$ 为平均数，$p=1$ 为中位数，p 无限接近于 0 的极限值是众数。

第四题

1. 相对度数为 $1-0.999\ 999\ 989\ 284\ 21 \approx 1.071\ 579 \times 10^{-8}$，大约每 9 332 万次中有一次。

2. 如果是正确按照正态分布表进行估算，那么其概率之小，可能从古至今都没有一次。

3. 一般正态分布中出现的结构，是进行多次相互独立的（或相关弱到可以忽略不计）尝试，并将其结果相加。我们都知道，多次投掷硬币后，出现正面次数的概率分布会逐渐接近正态分布，这是因为硬币出现正面还是反面是不相关的。用考试成绩来说，就是考试中有足够多的试题，而且每个小问题之间的相关不强时，就会接近正态分布。在统计概率中，将这个性质称为中心极限定理。但在入学考试等现实生活中大部分的考试里，考试题目都是相互有关联的，相互无关的情况反而是极少的。例如在数学考试中，数学好的学生很可能第一题和第二题都答对，而数学不好的学生则可能都答错，两道题之间有强相关。所以很容易想象到，此时极有可能出现全部答对＝满分，全部答错＝0 分这样的比较极端的结果，这样的分布与正态分布相比两尾更厚。在中央附近处，这个效果不是特别明显。用偏差值来说，在 40～60 分范围内的话，正态分布假定的相对位置，也就是若偏差值为 50 分是中位数，偏差值 60 分为上位数的 16%，即使直接这样理解也不算严重错误。而在分布的两端，比如偏差值 <10 或偏差值 >90 等的值比正态分布更容易出现。

第五题

1. 正态变量的和是正态变量。请联想一下中心极限定理。

2. 所谓概率密度相加除以 2，换句话说就是用各一半的概率来观察 X 或 Y。这一般不是正态分布（排除 X 与 Y 分布偶然相同的特殊情况）。若 X 与 Y 的均值和范围相差太大，直观上应该可以理解这时分布的形状会像两个驼峰那样。

第 5 章

第一题

1. 无偏估计是指被赋真值时，估计量的均值和真值相同的情况，而不是被赋估计值时，真值的均值与其估计量相同。
2. 无偏估计、最大似然估计都和命中率最大化无关。
3. 真参数值不是随机变量，所以不能定义真实概率是多少。例如在 99% 的置信区间被赋真值时，用 99% 的概率将估计值收到一定范围内，我们将这个范围视为真值的函数，反过来将实际观测到的估计值包含在这个范围的真值的集合视为 99% 置信区间。
4. 若相关的事实成立，可在估计中运用。
5. 相关不能证明因果。

第二题

根据假设，惯用左腿的人是左撇子的似然值为 0.6，是右撇子的似然值为 0.4，因此最大似然估计为左撇子。

正如我在第 8 章例题 2 中说明的那样，如果仅说命中率，那么左撇子为 $\frac{3}{11}$，右撇子为 $\frac{8}{11}$，后者更高。但是似然值并非指估计的命中率。

用例题来说，整体上右撇子的人比较多，因此仅仅说命中率的话，无须考虑惯用腿，直接推断是右撇子的命中率更高。但是惯用腿和手之间有相关，惯用左腿的人左撇子的可能性比较高，这就是似然度。

第三题

要想实现无偏，需要保证无论真正 φ 为多少，其估计值的均值都必须与 φ 相同。

首先，当 $\varphi=1$ 时，试验失败概率为 1，概率 1 的函数表示为 $x=1$。所以当观测到 $x=1$ 时，估计值必然存在 $\hat{\varphi}=1$。

其次，考虑一般的情况，考虑 $0<\varphi<1$。概率 φ 的函数表示为 $x=1$，概率 $1-\varphi$ 的函数表示为 $x\geqslant 2$。

正如上述所说，当 $x=1$ 时估计量是 $\hat{\varphi}=1$。为使估计值的均值和真 φ 一致，$x\geqslant 2$ 时则全部 $\hat{\varphi}=0$。

最后，当 $x\geqslant 2$，尽管最终发生了失败 $\hat{\varphi}=0$ 与估计会产生矛盾和不协调，但在定义上这是唯一的无偏估计。换句话说，这种情况下用无偏估计是否合适，可能需要进一步探讨。

第四题

1. 虽然估计不出结果，但满足无偏性定义。
2. 这里的思考方式是命中率最大化，不是无偏估计也不是最大似然估计。
3. 这里无法求出命中率最大化，根据假设是无偏估计和最大似然估计。
4. 这个既无法构成无偏估计，也无法构成最大似然估计。
5. 实测相对频数赋予真实相对频数的无偏估计和最大似然估计。

第五题

本题的特征与上面的题目不同，真值也假设为随机变量。最大似然估计的定义虽然不是命中率最大化，但本题中的估计量也满足最大似然性的条件。

【证明】将真值 t 与估计值 s 的联合概率分布看作 $f[t,s]$，此时我们知道
$f[♀,♀]/(f[♀,♀]+f[♂,♀])\geqslant 0.5$，即 $f[♀,♀]\geqslant f[♂,♀]$，
$f[♂,♂]/(f[♂,♂]+f[♀,♂])\geqslant 0.5$，即 $f[♂,♂]\geqslant f[♀,♂]$，
由以上这样的结构可以导出
$f[♀,♀]/f[♀,♂]\geqslant f[♂,♀]/f[♂,♂]$。

当估计值是♀时，
真值♀的似然度是 $f[♀,♀]/(f[♀,♀]+f[♀,♂])$，
真值♂的似然度是 $f[♂,♀]/(f[♂,♂]+f[♂,♀])$，
因此，根据先导出的不等式，我们可知真值♀的似然度大于真值♂的似然度。

同理，当估计值为 ♂ 时，

真值 ♂ 的似然度为 f [♂, ♂] / (f [♂, ♂] + f [♂, ♀])，

真值 ♀ 的似然度为 f [♀, ♂] / (f [♀, ♀] + f [♀, ♂])，

所以这次真值 ♂ 的似然度大于真值 ♀ 的似然度。

第 6 章

第一题

1. 无论零假设正确与否，都认为其是错误而拒绝的概率。

2. 显著性水平为第一类错误的概率，说到底是指零假设为正确时却被认为错误 而拒绝了的概率，也就是根据零假设计算数据生成过程时，"不走运地"拒 绝了零假设的这种发生偶然偏差的概率。不能定义零假设为正确的概率。零 假设是关于数据生成过程结构的假设，判断两者是否存在关联不是根据概率。 有概率的是数据。

3. 当零假设为"出现正面的概率不足 1%"且显著性水平为 1% 的时候可以拒绝。

4. 此时的显著性是要看应届生和复读生的数据生成过程是否一致。换句话说， 记录的全部数据都看作是从真正数据生成过程中抽出的样本。

5. 只要有足够的观测值，误差项的分布基本不变且相互独立，那么便无须考虑 形状，适用中心极限定理。在实际应用中经常出现问题的主要原因并非误差 项的分布形状，而是它的分布（尤其方差）并非恒定或相互独立。

第二题

1. 求出 p 值，即拒绝概率为 $8h^7(1-h)+h^8=8h^7-7h^8$ 。

2. 若 $h=\dfrac{1}{2}$ ，p 值是 $\dfrac{9}{256}=0.035\,156\,25$ ，约为 3.5%。

3. $8h^7(1-h)+h^8=8h^7-7h^8=0.05$ 的 h 值，这是 8 次方程，解析比较难，其结 果为 $h\approx0.529\,32$ 。

第三题

相互独立的 n 个随机变量和的方差，是原来 n 个随机变量的方差和。它们的

均值也就是和的 $\frac{1}{n}$ 的方差，和的方差的 $\frac{1}{n^2}$，原来 n 个随机变量的方差若基本相等，其 n 倍的 $\frac{1}{n^2}$ 即为 $\frac{1}{n}$。因此 n 个人得分的平均标准偏差是每个人得分标准偏差的 $\frac{1}{\sqrt{n}}$。

若每个人得分的真标准偏差为 σ 的话，则女生 600 人的均值的标准偏差为 $\frac{\sigma}{\sqrt{600}}$，男生 3 000 人的均值的标准偏差为 $\frac{\sigma}{\sqrt{3\,000}}$。

女生 600 人的均值比男生 3 000 人的均值高 3 分，所以女生均值比 3 600 人总体均值高 2.5 分，男生的均值比总体均值低 0.5 分。

这里的零假设是真均值中无性别差，其真均值的估计值是总体的均值，所以 600 个女生的均值"运气好"只比真均值高 $\dfrac{2.5}{\left(\dfrac{\sigma}{\sqrt{600}}\right)} \approx \dfrac{61}{\sigma}$ 标准偏差，男生 3 000 名的均值"不走运"比真均值只低 $\dfrac{0.5}{\left(\dfrac{\sigma}{\sqrt{3\,000}}\right)} \approx \dfrac{27}{\sigma}$ 标准偏差。

其整体的似然度就是这两个事件似然度的乘积，我们知道若其为 0.01% 则需要在 $\sigma \approx 20$ 左右时（均值 +3.1 标准偏差以上的似然度 0.1% 和均值 −1.3 标准偏差以下的似然度 10% 的乘积，可参照第 4 章正态分布参照表）。

即使 $\sigma \approx 20$ 这样精确度差的考试，出现极端结果的似然度在 0.01% 左右。在通常的考试中，平均分为 3 分的性别差异是具有显著性的（即放弃零假设），这样的说法是没有错误的。

第四题

采用（c）比较合适。与样本的估计精度和总体大小无关，是由样本大小决定的。

第五题

如果有 1% 的显著性的话，即使没有结构上的根据，100 个中也会出现 1 个的事件。在晴、雨等各类别中每年出现 3～4 天的特殊日是很正常的，甚至可以说根据统计检验工作的定义，这种情况一定会发生。

第 7 章

第一题

1. 统计上所说的随机抽样是指抽样、筛选的方法与观测值相独立。每天同一时刻的气象观测，去掉了一天当中时间段的影响（气象学中称之为日较差），目的是观测前后日期之间天气的变化，从这点来说是妥当的。除去经济数据的季节性，对前一年、第二年进行比较的话，从收集每年相同季节的数据这一点来说也是有意义的。

2. 比起样本占总体的比例大小，样本所能代表的总体精确度更取决于样本自身的大小。

3. 如果直接用原始数据，则一定会产生像前面第 6 章第 5 题那样的异常数值，也就是所谓的特殊日，用季节性无法说明的特殊情况。而为了避免这种特殊情况，会使用将前后日期的数据进行加权的加权平均温度。

4. 所谓的与往年持平，不一定和预测未来的天气状况同义。如果单纯地注重预报而没有比较，就必然只看重最近的观测值，将更易被异常数值所影响。

5. 先前发生的事件是后续事件的原因，观察前面的变量可以推算后面的变量，这样的情况比较常见。但也并非没有例外，现实中一定会有些情况是用"发生在后但容易观测的变量"来推断"时间上发生在前但并不容易观测的变量"。

第二题

1. 在向谁问和谁回答这两个阶段容易产生偏颇。

   如果是网上调查，只有那些经常上网的人才能收到问卷；而如果是上门问卷调查或邮寄的话，只有那些地址、身份都明确的人才能收到。

2. 如果是税务部门的数据，那么每个人为了少缴税，尽量将工资申报得较低，因而造成个人收入数据偏差。如果是和税务无关的人口普查等，而由本人申报的话，未参与调查的多是居无定所或身心处于非健康状态的低收入人群，所以调查结果会与税务部门的结果相反，个人收入的数据就会高于实际收入。

3. 我们知道，去投票的人和不去投票的人均有一定倾向。第一，从年龄段来看，越年轻的人群参与投票率越低，而退休的六七十岁人群的投票率则较高。第二，投票当天的天气也是影响因素。但大家都知道，不好的天气反而对特定政党有利。这是因为这种政党的支持者们总是风雨无阻，超于常人地奔向投票站。选票的设计也会影响选举结果。比如众所周知，与日本众议院议员选举同时进行的最高法院法官国民审查，在选票上按名字的顺序画 × （罢免）的票就比较多。

4. 根据统计法的法律规定：国民有义务对人口普查进行回复，但首先需要收到调查表才可以。日本几年前开始实施个人号码制度，当号码与通知卡一起寄出时，竟然有高达几百万封信件无法投递。人口普查中肯定也会有同样的问题。除因地址不明和没有固定住所导致无法送达的外，还有未登记地址和所谓的逃亡者、隐姓埋名者等各种可能发生的情况，这些人大多数都是因为生活上的问题而无法参与人口普查。

5. 假设调查本身是以全部顾客或通过真正随机抽取到的顾客为对象进行的，即使从这一角度说是真正无偏颇的抽样方式，但问题出在回答这些问题的人的身上。协助调查的顾客一般也都明白，调查主要是为了之后改善商品和服务质量。这样的话，路过的顾客或对商品本身非常不满且绝对不会再次购买的人是根本不会协助调查的。（只有）那些本身对商品比较满意之后也会继续购买的人，才会勉强回答一些对未来商品改善的期望。因此这个调查会漏掉那些对商品满意度较低的顾客。

6. 比如我们可以想象到那些尚未实施禁烟的场所，顾客中吸烟人士较多，因此调查结果会偏重于吸烟者的声音。即使是潜在顾客，但因为不喜欢目前的场所，所以会有些不吸烟人士因不光顾而不会被纳入意向调查的对象中。如果过分看重这个未能反映潜在顾客意向的调查，就会使全面禁烟的改革停滞不前，倾向于维持现状。

7. 基本上无论是用何种方法授课，都一定会有对此感兴趣的学生和不感兴趣的学生。问题在于二者的比例。有人会觉得如果是自己喜欢科目的名师，那么学生的评分也会很高（当然实际上也有这种情况），但这种课程也会吸引很多并非特别了解而只是跟风来上课的学生，这些学生对课程本身并非很有兴趣，所以评分可能会降低。相反，如果是很无聊死板的授课方式，此时前来听课的学生肯定都是真正对课程感兴趣的，所以评分可能会高。同时，即使是同一教师的同一科目，如果是在天气恶劣或假期间隙授课时进行调查，评价会更高，这是因为此时还能坚持上课的学生肯定都是对课程十分感兴趣的。

8. 左撇子寿命短，有人相信这个都市传说吗？平均寿命是计算死者死亡时的平均年龄，因此相对来说，英年早逝的人中左撇子概率较高的事实出现了"左撇子寿命短"这样武断的结论。当然，并不是因为是左撇子所以才导致英年早逝，而是因为现在高龄老人中，左撇子很少。而这又是因为很多曾经的左撇子被强迫改成了右撇子。随着时代发展，这种歧视逐渐减少，很多人可以一直保持左撇子的习惯到长大成人。也就是说，因为有这种对不同年龄段人群进行的比较，所以才让左撇子和寿命短看起来似乎有相关性。这在统计上也被称为世代效应。

9. 吸烟是成年人才有的行为。而婴幼儿的死亡对平均寿命的影响很大，这些婴幼儿在定义上全部都属于非吸烟人群。因此，如果只是单纯对吸烟人群和非吸烟人群进行比较，会得出吸烟者寿命更长这样不合理的结论。另外，上面第 8 题的世代效应在此处也会有影响。在以前的年代，也就是现在的高龄者的那个年代，吸烟的危害并未被完全认知，在其他条件相同的情况下，他们成为烟民的比例也更高。

10. 对发起人来说重要的是参加总人数。街头运动等运动一般都是持久战，前后要几个小时。一方面，对发起人来说，在这期间，哪怕有人只参加了几分钟，也是重要的参与者。而另一方面，对维护治安、疏解交通的警方来说，重要的是聚集在会场的人数最多时是多少。如果只计算人数最多时的瞬间，那么其余时段的参与者对警方来说都并不重要了。

第三题

这 3 个方法都想把间断得到的原始数据变成更有连续性的分布。第 1 种方法仅仅是把各观测值略微横向操作，增加其宽度。第 2 种和第 3 种方法依次生成更具有实用性的分布。

第四题

从理论上来说，后面发生的事情不可能是前面发生事情的原因。但是也会有相反的情况，作为原因的事情被较晚发现，而结果被较早发现，由于这样的时间差，使后发现的事情是原因，先发现的事情是结果。

例如对罹患糖尿病的幼儿与死于癌症的母亲之间关系的研究。死于癌症一般发生在高龄，大多数都在六七十岁以后。从母子间的因果关系来看，只能说母亲的体质是因，孩子的体质是果，但母子年龄相差最多也不过 40 多岁，从时间上看，幼儿糖尿病的发病时间会早于母亲的死亡。

第五题

除了准确预测外，其实确定因果关系和相关结构也是十分重要的目的。经常会有被称为"股神"的专门预测股价的操盘手，但即使靠个人实力把命中率提高，这也只是别人学不来的手段和技巧，一旦这个人不干了，那么好不容易磨炼出来的技术也会随之消失。只靠经验而缺乏理论支撑的推断方法，缺乏科学理论来证明其可能性和重现性，因此从这个角度来说不能称为统计推断。

第8章

第一题

1. 无论选择用常规型还是展开型决策方式，最优策略的集合一定是相同的。另外，只有在用展开型解题时，可以同时求出序列最优策略。常规型在结构上不适合对序列最优性进行验证。

2. 不仅是最终到达的结果（均衡路径），若均衡外路径不同，纯策略便会不同，因此纯策略的数量可能多于结果数。

3. 若不满足一般最优性，则也不能满足序列最优性。反之，有的策略虽不满足序列最优性，但可能满足一般最优性。因此序列最优策略的集合包含在最优策略的集合中，成为这部分集合。

4. 存在多个序列最优纯策略时，对其进行随机选择的混合策略还是序列最优。

5. 在均衡外路径不存在最优策略时，无论怎样的策略都不能满足整体的序列最优性。例如有一道题是在最初时段选择上或下，上的话得 1 分，下的话继续在 $0 \leqslant x < 1$ 范围内选择任意实数 x，得 x 分。最优策略是在初始阶段选择纯策

略上，均衡外路径下中的任意 x，但在这个均衡外路径中无论 x 取多少都不
是最大，不管是纯策略还是混合策略都不是最优策略。

第二题

1. 第一个十字路口分 3 条路，每一条路接下来也都分成了 3 条路，所以共有
   3×3=9 种可能。
2. 在第一个十字路口有 3 种选择，每一个选择接下来都各有 3 种选择，因此可
   能共有 $3×3^3$=81 个纯策略。

第三题

1. 对 4 个秘书每个人都分别有左和右这两种纯策略。最后的政治家本人只有
   "左"这一种选择。共有 2^4=16 种纯策略。
2. 16 个纯策略分别是

   左<u>左</u>左<u>左</u>→通过、左<u>左</u>左右→通过、左<u>左</u>右<u>左</u>→通过、

   左<u>左</u>右右→通过、左右左<u>左</u>→通过、左右左右→通过、

   左右右<u>左</u>→通过、左右右右→通过、右<u>左</u>左<u>左</u>→不通过、

   右<u>左</u>左右→不通过、右<u>左</u>右<u>左</u>→不通过、右<u>左</u>右右→不通过、

   右右左<u>左</u>→通过、右右左右→通过、右右右<u>左</u>→不通过、

   右右右右→通过。

   因此最优的，也就是可以圆满通过的共计有 11 种。下划线处为均衡外路径。
3. 序列最优性的验证是通过将问题从后向前解答得到的。首先能一直见到第四
   个秘书时，如果在这里结束 4（偶数）人→不通过；接下来如果一直见到了
   政治家 5（奇数）→通过；所以最优解是右。如果到之前第三个秘书时结束，
   是 3（奇数）人，所以通过，而接下来会到刚才的第四个秘书，左和右这两
   个都可能是最优。到之前第二个秘书时，如果到此时结束 2（偶数）人，所
   以不通过，最优解只有右。第一个秘书时，就算结束也是 1（奇数）人，所
   以通过，接下来能见到第二个秘书，所以左和右这两个都可能是最优。从上
   述推出，序列最优的纯策略的必要充分条件是与偶数（第二、四）人的秘书
   用"右"手握手，只有左右左右、左右右右、右右左右、右右右右 4 种。

一生受用的概率统计
算数からはじめて一生使える確率・統計

第四题

最优策略存的一个重要前提是策略的集合是紧致的。数学上对紧化的定义在此不再赘述，我们可以直观地认为有界即可。

例如在 $0 \leqslant x < 1$ 的范围内选择任意实数 x，得 x 分的这个题目（参考本章练习一下第一题第 5 小题）。此时若可以选择的话，真的很想选择范围的上限 $x=1$，但很可惜这不在可选范围内。而最接近于 1 的实数是最优解，但我们不能定义这个最接近的实数。如果把端点从选项中拿出，则此时不能定义最优决策。

第五题

1. 金、银两人答案一致，则表明两人或者全答对或者全答错。两种情况的事前概率分别是 $0.8 \times 0.7 = 0.56$ 和 $0.2 \times 0.3 = 0.06$。所以其中两人都回答正确的事后概率是（参考第 7 章例题 3）：

$$\frac{0.56}{0.56 + 0.06} \approx 0.903\,2，$$

高于金、银两人各自的事前正确概率，从这个角度来说，众议一致是有价值的。

2. 同样事后概率为：

$$\frac{0.4 \times 0.3}{0.4 \times 0.3 + 0.6 \times 0.7} = \frac{0.12}{0.12 + 0.42} \approx 0.222\,2，$$

低于金、银两人各自的事前正确概率。这个例子表明愚人集中到一起时，可能会使讨论更没有意义。

3. 当增加了 5 个选项的信息后，关于回答正确与 4 个回答错误的事前概率为：金是 0.4 和各 0.15，银是 0.3 和各 0.175。事后概率为：

$$\frac{0.4 \times 0.3}{0.4 \times 0.3 + 4\left(0.15 \times 0.175\right)} = \frac{0.12}{0.12 + 4 \times 0.026\,25} \approx 0.5333，$$

此时每个人的事前正确率都提高了。这个例子表明虽然看起来是愚人的意见，但当大家从多个选项中选出相同的一项时，这个信息还是具有一定意义的。如此，选项越多或参加的人数越多，集体商议也容易产生更高的价值。这暗示了即使每个参与者并非都具有很高的判断力，众议、少数服从多数的民主决策也会奏效。

未来，属于终身学习者

我们正在亲历前所未有的变革——互联网改变了信息传递的方式，指数级技术快速发展并颠覆商业世界，人工智能正在侵占越来越多的人类领地。

面对这些变化，我们需要问自己：未来需要什么样的人才？

答案是，成为终身学习者。终身学习意味着具备全面的知识结构、强大的逻辑思考能力和敏锐的感知力。这是一套能够在不断变化中随时重建、更新认知体系的能力。阅读，无疑是帮助我们整合这些能力的最佳途径。

在充满不确定性的时代，答案并不总是简单地出现在书本之中。"读万卷书"不仅要亲自阅读、广泛阅读，也需要我们深入探索好书的内部世界，让知识不再局限于书本之中。

湛庐阅读 App: 与最聪明的人共同进化

我们现在推出全新的湛庐阅读 App，它将成为你在书本之外，践行终身学习的场所。

- 不用考虑"读什么"。这里汇集了湛庐所有纸质书、电子书、有声书和各种阅读服务。
- 可以学习"怎么读"。我们提供包括课程、精读班和讲书在内的全方位阅读解决方案。
- 谁来领读？你能最先了解到作者、译者、专家等大咖的前沿洞见，他们是高质量思想的源泉。
- 与谁共读？你将加入优秀的读者和终身学习者的行列，他们对阅读和学习具有持久的热情和源源不断的动力。

在湛庐阅读 App 首页，编辑为你精选了经典书目和优质音视频内容，每天早、中、晚更新，满足你不间断的阅读需求。

【特别专题】【主题书单】【人物特写】等原创专栏，提供专业、深度的解读和选书参考，回应社会议题，是你了解湛庐近千位重要作者思想的独家渠道。

在每本图书的详情页，你将通过深度导读栏目【专家视点】【深度访谈】和【书评】读懂、读透一本好书。

通过这个不设限的学习平台，你在任何时间、任何地点都能获得有价值的思想，并通过阅读实现终身学习。我们邀你共建一个与最聪明的人共同进化的社区，使其成为先进思想交汇的聚集地，这正是我们的使命和价值所在。

CHEERS

湛庐阅读 App
使用指南

读什么
- 纸质书
- 电子书
- 有声书

怎么读
- 课程
- 精读班
- 讲书
- 测一测
- 参考文献
- 图片资料

与谁共读
- 主题书单
- 特别专题
- 人物特写
- 日更专栏
- 编辑推荐

谁来领读
- 专家视点
- 深度访谈
- 书评
- 精彩视频

HERE COMES EVERYBODY

下载湛庐阅读 App
一站获取阅读服务

一生受用的概率统计 /（日）佐佐木弹著；刘芙睿译. -- 杭州：浙江教育出版社，2024.12. -- ISBN 978-7-5722-8965-1

Ⅰ. O211

中国国家版本馆 CIP 数据核字第 2024DG2487 号

浙 江 省 版 权 局
著作权合同登记号
图字：11-2024-487号

上架指导：预测 / 概率

版权所有，侵权必究
本书法律顾问　北京市盈科律师事务所　崔爽律师

一生受用的概率统计
YISHENG SHOUYONG DE GAILV TONGJI

［日］佐佐木弹　著

刘芙睿　译

责任编辑：高露露
美术编辑：韩　波
责任校对：洪　滔
责任印务：陈　沁
封面设计：张志浩
出版发行：浙江教育出版社（杭州市环城北路 177 号）
印　　刷：天津中印联印务有限公司
开　　本：880mm ×1230mm　1/32　　　　**插　　页：**1
印　　张：7.75　　　　　　　　　　　　**字　　数：**152 千字
版　　次：2024 年 12 月第 1 版　　　　**印　　次：**2024 年 12 月第 1 次印刷
书　　号：ISBN 978-7-5722-8965-1　　　**定　　价：**79.90 元

如发现印装质量问题，影响阅读，请致电 010-56676359 联系调换。